生 命 的 乐 章
——后基因组时代的生物学

The Music of Life
Biology beyond the Genome

〔英〕D. 诺布尔　著

张立藩　卢虹冰　译

科学出版社

北　京

图字:01-2009-7219 号

内 容 简 介

　　本书是英国 D. 诺布尔教授于 2006 年出版的一本科普读物 *The Music of Life* 的中译本。原著现已被译成 7 种语言。本书以思辨的题材及运用比喻及讲述故事的手法,对后基因组时代生命科学所面临的重大问题进行了讨论;作者还深入浅出地介绍了系统生物学的基本概念和重要发现,并指出系统–层次理论在揭示生命奥秘中的重要意义。

　　本书不仅可供有关专业的大学生、研究生和科技人员阅读,也可作为广大科学爱好者和青年学生的一本科普读物。

The Music of Life：Biology beyond the Genome by Denis Noble © 2006 Oxford University Press.
Originally published in English in 2006. This translation is published by arrangement with Oxford University Press.

图书在版编目(CIP)数据

　　生命的乐章:后基因组时代的生物学/(英)诺布尔(Noble,D.)著;张立藩,卢虹冰译. —北京:科学出版社,2010
　　书名原文:The Music of Life:Biology beyond the Genome
　　ISBN 978-7-03-028790-8

　　Ⅰ.①生… Ⅱ.①诺… ②张… ③卢… Ⅲ.①生物学-系统科学-研究 Ⅳ.①Q111

　　中国版本图书馆 CIP 数据核字(2010)第 166241 号

责任编辑:夏 梁 王 静/责任校对:冯 琳
责任印制:赵 博/封面设计:王 浩

斜 学 出 版 社 出版
北京东黄城根北街 16 号
邮政编码:100717
http://www.sciencep.com

北京科印技术咨询服务有限公司数码印刷分部印刷
科学出版社发行 各地新华书店经销

*

2010 年 9 月第 一 版　　开本:A5(890×1240)
2025 年 1 月第五次印刷　　印张:4 3/4
字数:151 000

定价:48.00元
(如有印装质量问题,我社负责调换)

中 译 本 序

　　《生命的乐章——后基因组时代的生物学》以引人入胜的手法、新奇的比喻和有趣的故事，向广大读者介绍了 21 世纪系统生物学的基本概念和重要发现。该书现已被译成 6 种语言。现在我非常高兴，因为它即将被翻译成世界上最伟大的语言之一——中文。

　　尤其令我高兴的是，我在书中还介绍了很多中国的文化。因该书是以学生及普通民众为读者对象，介绍现代生物学令人惊奇的发现，故在表达方式上非同一般，我需要采用一些有说服力且令人信服的比喻。当我在寻找恰当的故事和比喻时，这种文化正是我的灵感之所在。

　　比如说，当我打算解释基因更像是一个"惰性的"数据库，而不是一个"生命的程序"时，很自然会想到其和语言的类比。基因可与中文的汉字进行类比。正如化合物有许多基团，基因也由更小的元素所组成，相同的序列可以在很多个基因中出现。正如汉字那样，基因也可按照无穷无尽的方式进行组合。这个类比很有说服力，因为当它们脱离各自的语言时，基因和汉字都将变得毫无意义。一旦离开机体这个背景，基因也就成了一堆毫无意义的符号。我们从不称呼汉字为"自私的"，也没有"自私的"基因。

　　该书所涉及的中国文化绝不仅限于汉字。当我在解释有关大脑和感知的某些重要哲学概念时，我借用了已在中国盛行 2000 多年的道家和佛教思想。

　　我甚至还对一个重要的故事进行了改动，即第 2 章开头讲述的中国皇帝和一位贫穷农夫的故事。这是一个关于有 64 个方格的棋盘的故事。通常认为这种游戏起源于印度，而非中国。事实上，在 2000 多年前，中国也还没有这种 64 格的棋盘。因我希望这个故事也能带有中国文化的气息，故将其改编成一个有关中国秦始皇在战场上被贫穷农夫所救的故事。

　　第四个例子就是在第 10 章所引用的禅宗寓言——"放牛娃"的故

事。我最初是从一个写于 1278 年的 13 世纪日文版本得知这个故事的。这已被认为是最古老的日文版本，但这个故事最早还是用中文写出的，就连那个日文版本也完全是用中国的汉字写的，日本人称之为"漢字"，因为它们最早是在汉代被引入日本的。

因此，该书即将有中译本出版一事，对我而言，意义格外重要。在翻译的过程中，我与译者及他们的顾问之间的交流无比愉快。怎样用合适的方法，将本书的思想传达给中国的读者，绝非易事。他们已经完成了一件了不起的工作。正如我在书中所说，不同的文化背景下，其思维方式也会不同，特别在有关生命的更深层次的哲学思想方面更是如此。

世界各地对该书的反响颇为热烈。我相信，我的中国读者也会如众多英语国家读者那样，将尽情享受这本小书。

Denis Noble

2010 年春于牛津

2009 年 7 月在日本京都参加国际生理科学联合会第 36 届大会(IUPS-2009) 期间，译者张立藩（右二）及夫人邓敬兰（右一）与 Denis Noble（左二）及 Peter Hunter（左一）的合影

译　者　序

本书作者 Denis Noble 现为牛津大学生理学系教授，英国皇家科学院院士。1961 年，他在伦敦大学获哲学博士学位，后一直在牛津大学生理学系工作，其间他也曾前往日本、韩国、新西兰等国进行客座合作研究。Noble 教授的主要贡献是：关于心肌起搏细胞兴奋过程离子通道机制的阐明，建立第一个虚拟心脏，并在后基因组时代大力提倡和推动系统生物学研究。Denis Noble 也是国际生理科学联合会（International Union of Physiological Sciences，IUPS）的现任主席（2009 年 8 月至今）。

Denis 能取得如此成就，除得益于牛津大学、伦敦大学等学府的学术传统和工作环境，以及他的启蒙老师和长期合作的同事外，还与他兴趣广泛、思路开阔，既精于一、又联系生命科学基本的/原始的问题而执着探索有关。本书是一本关于系统生物学的科普著作。作者的学术造诣和渊博知识使本书具有以下特色。首先，音乐的陶冶和修养使他产生灵感将生命过程比作音乐，全书都在引导着读者，怎样从系统的、整体的和进化的观点，感受和理解大自然这一部伟大的乐章——生命。因为"脑与精神"又是这部乐章中最令人神往和难解的篇章之一，故在本书的最后，作者还联系语言、文化、哲学等问题而进行讨论。再者，Denis 也重视东西方文化的比较，对中国的语言和文化很感兴趣，不少灵感即由此而生。例如，他将中文的汉字系统与基因组的组合情况进行类比，指出两者都是具有模块化特征的系统。他还将中文的"生理学"三个字，解释为相当于英语的"life-logic-study"，即生理学是"研究生命的逻辑之学"（a study of the logic of life）；并指出，仅研究系统各个组分的性质，还不可能理解这个逻辑。为了阐述"自我"的本质，他在第 10 章，又通过动人的禅宗寓言介绍了中国佛教与道家的观点。另一位让我敬佩的日本学者汤川秀树，也很重视老庄哲学思想对其学术思想的启示。[I] 此外，作者为了阐述其学术思想，在书中多处借用了生动的比喻和富有启示的故事。我认为，这对于培养科学思维中的直觉和抽象，也非常有益。关于直觉思维在科学创新中的重要性还可参阅文献[I]。但比喻毕竟只是帮助我们思考的"理解之梯"，科学问题的阐明一定要靠科学的实证性与理性的结合。[II] 最后，本书也生动地介绍了著者所经历的系统生物学发展历程：在 20 世纪 50 年代，当计算机刚刚问世、全世界仅有数台，且生物学家还很少求助于数学的时候，Denis 已开始将离子通道电生理研究与仿真研究结合进行，直到与奥克兰大学的 Peter Hunter 教授等合作建立起第一个虚拟器官；而在后基因组时代，他又反对狭隘的基因决定论观点，倡导系统-层次的学术思想，为不同层次的生命科学研究提出了新的思路。

促使我下决心翻译这本科普著作的动因主要有二：其一是出于对模型与仿真研究在阐明生理学问题重要性的认识和期望。十多年前，在我们的重力生理研究中，年轻同事卢虹冰教授已开始了这方面的工作。为此，我在 2002 年第三次访问牛津大学生理学系时，还曾专门访问 Noble 教授，了解有关进展。这次，虹冰又欣然接受我的邀请，共同完成了本书的翻译工作。其二是出于对宣扬科学思想和科学精神名著的热爱与敬重。2007 年秋，我刚刚读过物理学家薛定谔的名著《生命是什么》，[II] 知道这位量子力学大师早在 20 世纪 40 年代经过缜密的逻辑推理就已提出了遗传密码的概念，并提出了大分子"非周期性固体"作为遗传物质（基因）的模型。此时，恰逢我的学生谢满江自牛津大学生理学系博士后工作归来，他告诉我的第一件事就是：Noble 教授最近出版了名为 *The Music of Life* 的科普著作。我当即设法购得。阅读后才了解到：Denis 的这本著作又是深受薛定谔那本短篇名著的影响而写出的，

I　汤川秀树是第一位获得诺贝尔奖的日本物理学家，也是完全由日本自己培养出来的科学家。其获奖论文在日本完成，并最初发表在国内的刊物上。详见：汤川秀树 著，周林东 译，戈革 校. 创造力与直觉——一个物理学家对于东西方的考察. 石家庄：河北科学技术出版社，2000. ——译者

II　薛定谔（Erwin Schrödinger）为奥地利物理学家，诺贝尔物理学奖获得者。20 世纪 40 年代出版 *What is Life* 一书。中译本：〔奥〕埃尔温·薛定谔 著，罗来鸥　罗辽复 译. 生命是什么. 长沙：湖南科学技术出版社，2007. ——译者

表达了一位心脏生理学家对当代生命科学所面临挑战的一些思考（见本书的引言）。弘扬科学传承的思想促使我下决心将其译出，献给国内的读者。最初我们只是利用业余时间进行，时断时续；2009 年夏，在日本京都出席第 36 届国际生理科学大会期间，又与 Denis 相遇，深为进度缓慢而不安。遂而经过半年多的努力，终于完成翻译工作。在自叹知识局限和笔力不足的同时，也感受到终就一件有意义工作之怡悦。

改革开放以来，我国虽已在许多方面取得了举世瞩目的成就，但我深感我们的科技工作距国际先进水平，仍还有一定差距。这涉及多方面的问题，非一朝一夕所能解决。但怎样培养热爱科学事业、奉献、求实、又富有创新精神的科学技术工作者的问题，应始终放在首要的战略位置。希望这本译著能激励我国的青年学子，立志献身于祖国的生命科学事业。21 世纪生命科学与信息科学空前发展、相互交叉，正处在取得重大突破和人才辈出时代的新起点。在后基因组的第一个 10 年期间：测序技术发展很快，价格降低了约 14 000 倍；对已获得的大量基因数据，需要建立其与表现型信息之间的联系，了解基因组序列差异与人体健康和疾病的关系，以发展个性化的医学（personalized medicine）。在此期间还发现：原先对诸如"基因"和"基因调节"等的一些概念已不能解释所面对的、越加令人困惑不解的一系列复杂性问题，迫切需要在结构生物学、细胞生物学、发育生物学、表观遗传学等开展新一轮的实验探索；而系统-层次的学术思想和系统生物学/计算生物学又必将在其中发挥越来越重要的作用；J. Craig Venter 还指出，今日运算速度最快的计算机已经难以完成如此庞大的计算任务。[III]回想 20 世纪初，当爱因斯坦和普朗克正在为创立相对论与量子论而书写数学方程式时，生物学则还处于实验观察和直接归纳推理的阶段，例如，巴甫洛夫即以其在消化腺生理领域的实验研究而获得 1904 年的诺贝尔生理学或医学奖。在21 世纪初叶，生物学似乎又在面临着另一个重要的发展机遇，一个有如 20 世纪初曾使物理学发生重大理论变革的那样一种机遇。希望这本小书也能帮助我们扩大视野，在百忙之中时刻想到"更广阔的画面"，

III   EDITORIAL：The human genome at ten. Nature 464，649-650（2010）；NEWS FEATURES & OPINION. Nature 464，664-677（2010）。——译者

为阐明生命乐章之奥秘做出贡献。我国生理学前辈冯德培院士生前曾提出：要学习毛泽东，在生理学事业中也创造自己的"井岗山"。[IV]我深信：不甘落后的中华儿女，一定会发愤图强、求实创新，使我国的科技工作早日走在世界的前列！

本书的引言、第5、第6、第9、第10章由张立藩译，第1～第4、第7、第8章由卢虹冰译。为了便于阅读，还加了一些"译者注"。在翻译过程中，译者除及时得到著者直接而有益的帮助外，还曾向邵启昌先生（数学史专家）、姚思源教授（首都师范大学音乐学院）、严春友教授（北京师范大学哲学与社会学学院）、徐文明教授（北京师范大学哲学与社会学学院）、药立波教授（第四军医大学）等咨询；在编辑、校对和收集资料等工作中，曾得到马玉玲、刘蓉蓉、张宇丝、张向、黄枫、姚恒璐、杨宁、窦晓峰（第7、第8章初稿）等的协助，当然更离不开我的夫人邓敬兰教授对我的支持与鼓励；此外，还得到第四军医大学航空航天医学系主任常耀明教授的大力支持及本书责任编辑夏梁先生的指导。译者在此一并致谢。译稿由我最后定稿，错误和不当，敬请读者不吝指正。

张立藩

2010 年 8 月 1 日于第四军医大学

IV　Chen G. In memory of a great physiologist and my mentor Te-Pei FENG. Acta Physiologica Sinica，2007，59（6）：716。——译者

引　言

　　"生命是什么？"对此问题可沿着多种思路去寻求解答。如何从科学的角度进行阐述即是其一。即便如此，答案也会颇不一致，因为现代科学家们对此问题的理解尚有很大差别。再者，鉴于近年生物科学进展很快，每一代科学家都需要重新去思考这一问题。

　　50多年以前，人类才首次发现，生物机体的遗传物质是一种被称为DNA（deoxyribonucleic acid，脱氧核糖核酸）的分子。它是由四个被称为碱基的类似化合物所组成的长链分子。生物科学从此进入了一个空前快速发展的时期。现已阐明：

　　• 人类的基因组，即一个人的全部DNA，就是一个由30亿个碱基对所组成的分子序列，且其碱基对的排列顺序已被确定。

　　• 我们已经了解这些碱基对组合又是怎样编码产生蛋白质的整个过程。对于每一个蛋白质分子来说，遗传物质犹如其模板，蛋白质的结构序列就被编码于DNA中。关于这些密码如何工作的详情，我们也已有一定了解。

　　• 关于许多蛋白质的序列和结构，我们也都已基本搞清楚。

　　这些进展对我们怎样去理解生命到底有何影响？它的确回答了许多问题，但却又提出了更多的问题。我们所得到的答案也反映了我们所经历的研究历程。在过去的半个多世纪里，我们已将生命系统分解为其最小的组分——一个个基因和分子。正如Humpty-Dumpty自墙头跌落那样，它已被粉碎成无数个小碎片。[1]这的确是一项十分了不起的成就！

　　I　Humpty-Dumpty是一首儿歌中的人物。这首儿歌在英语系国家广为流传。在英语俚语中，Humpty-Dumpty也变成了"又矮又胖的人"之意，常译作"蛋头"或"胖胖蛋"。儿歌的完整版如下：Humpty-Dumpty sat on a wall, Humpty-Dumpty had a great fall; All the King's horses and all the King's men, Couldn't put Humpty together again. 译为：蛋头坐在墙头上，蛋头跌了个大跟斗；国王所有的马，国王所有的兵，不能再把蛋头拼凑。——译者

　　例如，目前我们已能准确定位一种基因突变，它的影响可能在人的中年时期才表现出来，可导致患者发生心源性猝死。尽管对某一特定的患者来说，尚不能准确地知道其发作的原因，但我们已搞清楚这一因果链的几乎所有主要环节。虽然这类成功的例子已越来越多，但其出现频率并不像乐观主义者在人类基因组计划宣布完成时所预期的那样高，目前为健康事业所带来的利益也还不明显。

　　何以会如此？人们开始关注其原因所在。这里必须要解决如何将小尺度的微观与大尺度的宏观整合在一起的问题。我们的确已经了解了许多有关分子机理的知识。目前所面临的挑战是：如何扩展这些知识，将其用于更大的尺度？如何将这些知识用于了解控制整个生命系统的过程？这不是一个容易解决的问题。当我们从基因进展到其所编码的蛋白质，又进而到这些蛋白质的相互作用时，发现问题已变得非常复杂。然而，我们需要了解这类复杂性以解释分子和基因数据，并在此基础上，以一种新颖而有意义的思路去讨论一些更重大的问题，如"生命是什么？"。

　　这就是搞清基因组序列后所面临的一项新挑战。我们能将这个已破碎的 Humpty-Dumpty 再度恢复起来吗？这也正是"系统生物学"出现的背景。虽然其历史可溯源于 20 世纪的经典生物学和生理学，系统生物学现已成为当代生物科学中一个崭新而重要的方向和领域。但是，近几十年来，生物学家们更倾向于对生物机体中的单个组分进行非常局限的研究，更关心每个组分都具有什么性质？它们又是如何与其他类似尺度的组分，在短时间内相互作用的？现在，我们应该能够提出更大的、与系统相关的问题。在机体的每一个层次，其不同组分均被牢牢地嵌入在一个整合网络或者系统之中。每一个系统都有其自身的逻辑。[II]只研究系统各个组分的性质，还不可能理解这个逻辑。

　　本书是一本关于系统生物学的书，它阐述了系统生物学的理论前提和深刻内涵。它主张，在当今探索生命之奥秘的阶段，我们需要从根本上重新思考一番。

　　II　此处"逻辑"（logic）一词的含义为"运行规律"（how it works），或者"机理"（mechanism）。可参阅本书第 8 章作者有关"生命的逻辑"的阐述。——译者

分子生物学有自己的思考方式。它注重对各个部分的界定、命名和行为描述，即将每一个整体分解、还原为其组成部分，并对它们一一进行详尽的阐明。生物学家们目前已完全习惯于这种思考方式，且这种方式也已被有兴趣的非专业公众所认可。而我们正准备进入的系统生物学则需要一种完全不同的思维模式。它注重综合而非分解，整合而非还原。它始于我们从还原论者所做工作中学到的知识，但却走得更远。它需要发展一种关于整合的思考方式，其严谨和缜密的程度绝不亚于还原论者的过程，但方向不同，这就是主要的区别。它的意义已超出纯科学的范畴，甚至对哲学也可能有一定影响。

怎样推动这样一个转变？我选择了写一本辩论题材小书的方式。本书拟对许多目前流行的生物学教条进行一番严格的剖析，甚至使其中的一些彻底翻一个个儿。对于为何要从系统水平进行探索，它提出了理直气壮的辩护。这倒不是由于我对还原论在分子生物学方面已取得的成就无动于衷，恰恰相反，这是因为我很想看到，生物科学能够摘取由于伟大还原论者的努力而已快要到手的果实。

正如第5章所述，我开始从事生理学研究时，也曾是一名十足的还原论者。在我的研究领域，我已知道还原论科学所取得的成功，并且我自己也做了不少这方面的工作。目前在对身体一些器官所进行的仿真研究中，我仍然采用此类量化的方法。这也是近十年来，我又转而强调这两个方面应保持均衡的原因。如果我们都是只盯着眼皮底下的细节，就不会看到更广阔的画面，也不会想出还需要做些什么。系统水平上的成功整合必定是建立在成功的还原基础之上，但仅有还原却是远远不够的。

像所有的辩论者那样，我在书中使用了不少比喻，也讲述了一些故事。其目的在于提高读者的阅读兴趣，而避开一些当代的教条。

1944年，Erwin Schrödinger曾写过一本非常有名的小书（Schrödinger，1944）。[III]他在此书中正确地预言遗传编码是一种"非周期性晶体"，即一种没有规律性重复的化学序列。就像那个时代许多科学

　III　中译本：〔奥〕埃尔温·薛定谔　著，罗来鸥　罗辽复　译. 生命是什么. 长沙：湖南科学技术出版社，2007。——译者

家所设想的那样，他也曾设想密码子是在蛋白质分子，而非 DNA 中。虽然他所预言的分子类别与后来的发现不符，但他的许多深刻远见则与其后的发现非常一致。在不到 100 页的书中，他改变了生物学的基本思维模式。

本书的篇幅与其相近。我原本也打算采用同样的书名——"生命是什么?"，但最终还是没有如此胆大妄为。我选择了一个能够反映本书主要比喻的书名，表明从系统-层次的观点 (System-level views)，不妨将生命比作音乐。如果合适的话，则乐谱在哪里? 谁是作曲家? 在本书中，反复出现的一个中心问题是: "生命的程序究竟在哪里?"法国诺贝尔奖获得者 Jacques Monod 与 François Jacob (Monod and Jacob, 1961; Jacob, 1970) 曾将"遗传程序" (le programme génétique) 理解为: 每一个生活机体的发育指令都蕴藏在其基因中。将基因组通俗地描述为"生命之书"或者一种蓝图，也表达了类似的概念。基因作为始动因素发挥主宰作用的概念也在 Richard Dawkins 写的一本很有影响的书《自私的基因》(Dawkins, 1976) 中被进一步强化。

本书的主题思想是: 在生物系统中并没有这样的程序，而且也没有一个专门掌管因果关系的特殊层次。第 1 章是本书其余部分的基础。它首先将基因组确定为机体逐代传递的数据库，而并非一个"创造"它们的程序。第二步是将"自私的基因"这个比喻改为"基因若囚犯"。这两个认识上的根本性转变，对于了解本书其余部分非常重要。每当面对诸如"基因程序"、"生命之书"和"自私的基因"这类常见的误解时，我都会抢着声明，即使提出这些概念的科学家也未必都同意他们对概念的那些解释，例如，Richard Dawkins 还写过一些对"程序"概念的精彩评论，但他本人却不是一名基因决定论者。

本书共分 10 章。每章均以不同的音乐问题来比喻生物科学中有关生命的某些问题。我们从第 1 章关于基因组的讨论开始，以第 9 章有关脑的讨论结束。第 10 章则自成一体，为本书的结尾。

致谢

我曾就本书有关问题与下列人士进行过有益的讨论，特在此表示衷心的谢意。他们是: Geoff Bamford, Patrick Bateson, Steven Bergman,

Sydney Brenner，Jonathan Cottrell，Christoph Denoth，Dario Di-Francesco，Yung Earm，David Gavaghan，Peter Hacker，Jonathan Hill，Peter Hunter，Otto Hutter，Roger Kayes，Anthony Kenny，Sung-Hee Kim，Junko Kimura，Peter Kohl，Jean-Jacques Kupiec，Ming Lei，Nicholas Leonard，Jie Liu，Denis Loiselle，Latha Menon，Alan Montefiore，Penny Noble，Ray Noble，Susan Noble，Carlos Ojeda，Etienne Roux，Ruth Schachter，Pierre Sonigo，Christine Standing，Richard Vaughan-Jones 和 Michael Yudkin。他们中间的许多人以及牛津大学出版社的读者也曾就各章初稿提出过评论。从他们的反馈意见中我受益匪浅，但我当然要对仍然存在的错误和曲解负责。

我还要感谢我的一些来自东亚的朋友和同事，他们使我了解其文化的一些要义，而用于第 8 和第 10 章的写作。

第 1 章有关硅人故事的初稿，2004 年曾以 "Pourquoi il nous faut une théorie biologique" 为题，用法文在网上发表于 *Vivant*。第 3 章部分内容是基于刊载在 *Physiology News*（2002），**46**，18-20 的一篇文章——"Is the genome the book of life?" 而写成。第 9 章的对话部分是基于发表在 *Physiology News*（2004），**55**，32-33 的一篇文章——"Qualia and private languages"；而随后的故事则曾以 "Biological explanation and intentional behaviour" 为题，首次发表于 *Modelling the Mind*（ed. K. A. Mohyeldin Said *et al.*，Clarendon Press，Oxford，1990）一书的 97-112 页。一些哲学背景内容则源于 *Goals, no goals and own goals* 一书（ed. A. Montefiore and D. Noble，Unwin Hyman，London，1989）和 Novartis 基金会关于生物科学基本问题的一些讨论会。

目　　录

1 生命的 CD：基因组

> 所有的基因都处在同一叶扁舟上。
>
> Maynard Smith and Szathmáry, 1999

至少对于人类而言，生活就是体验。何以得知？

毫无疑问，经验来源于物质。两者之间的联系是客观存在的，正有待我们去深入探讨。但这又是一个非常艰巨的任务，所涉及问题的复杂性往往令人却步，因此我们更倾向于忽视其存在。

这种情形的确会发生，比如，当我们试图弄清楚人类经验和物质现实之间的联系时，往往会说，"这真的非常简单"，但事实并非如此。

硅　　人

先看一个例子。在写这页内容之前，我先放松了一下，第一次花了很长时间听我最喜欢的音乐之一——舒伯特的降 E 大调钢琴三重奏。我把 CD 放入唱机中，躺在沙发上静听，当音乐进行到慢板乐章时，我潸然泪下。

第一次听到这段音乐是在一个音乐会现场，它对我情绪的影响力一直非常强烈。事实上，我们每个人都有自己最喜欢的、有强烈感染力的音乐。这种影响力不仅来自于音乐本身，也取决于听音乐时所处的背景环境、与之在一起的人物，以及这件事在我们一生中的重要程度。

那究竟是什么让我流泪？

不妨设想有几位太空旅行者正在注视着这一情景。他们来自硅的世界，即一个硅已取代碳的世界。姑且就称呼他们为"硅人"吧！这些硅人具有科幻小说中"机器人"的某些特征。他们发现我在哭泣并录下了房间里的声波。作为科学家，他们对整个事件的因

果顺序进行了跟踪探索，从扬声器到放大器、激光碟机，一直到
CD 唱片本身。

　　其中一位发出了硅人式的"尤利卡！"惊呼。[I] "我发现啦！"，他向
同事们解释道，全部效果都是 CD 上某些特定的数字信息所引起的。然
而，另一位硅人却对此持怀疑态度，他说，"仅仅一串数字，怎么会产
生这样的效果？"

　　面对怀疑，发现者进行了反驳，他指出这就是因果关系链的最底
层。如果没有这些数字信息，就不会有音乐，更谈不上情感了。而且，
如果你在演奏时改变这些信息，比如，弹得过快或过慢，或倒过来弹、
把段落互换着弹，甚至插入其他 CD 中的片段，房间里的那个人肯定就
不会再流泪了。相反，他可能会愤怒地关掉机器，甚至把唱片扔掉。

　　此时，硅人们认为，这中间必然有一种直接的因果关系。他们还可
以做许多实验来反复证明这个因果链的单向性。例如，除了 CD 所载的
特定数字信息外，用另外的配件取代放大器、扬声器或其他部件，都不
会影响总的效果。因此，硅人们毫不犹豫地得出结论，认为这就是我哭
泣的原因。

　　当然，我们对整个过程了解得更多一些。引起我哭泣的原因还应
包括：

　　• 舒伯特，因为他谱写了这段音乐；

　　• 钢琴三重奏的演奏者，因为他们的演奏如此牵动人心、充满
灵感；

　　• 还有我第一次听到这段音乐并哭泣时所处的优美情境。这些都
被保留在我的记忆当中，并形成了情感方面的背景。

　　我们会说，CD 上的数字信息只是尽可能准确地保留瞬间的一种方
式，可令我重新回忆或至少部分地回忆起最初的瞬间。我们还知道，对
这一信息还可以用许多不同的方式进行编码，包括塑料盘片上的模拟编
码。所有这些数字信息只不过是能够将音乐存储和重放的数据库而已。

　　I　原文为 Eureka，希腊语，意为"我找到了！"或"我搞清楚了！"，源自希腊数学家和
发明家阿基米德的故事。他在洗澡时，发现了测量不规则固体体积的方法，并进一步推出了
测定金子纯度的方法时，所发出的惊呼。——译者

总之，我们当然会嘲笑这些外星硅人访客的愚蠢。他们只是找到了一个简单化了的答案却抓住不放，真是愚蠢之极！但当嘲笑他人的时候，我们也更应想想自己，因为我们也已陷入简单化的解释之中。

DNA 狂 热

的确，正如硅人那样，我们的媒体（当然也包括许多科学家）每天也都在不断地宣扬这样一个建立在错误基础之上的流行教条。正如误将CD 作为引起我对舒伯特钢琴三重奏特殊感受的"原因"那样，这个教条错误地认为，DNA 编码就是引起生命的"原因"。André Pichot[1] 曾称其为 DNA 狂热。

这两种情况显然有些相似。在一定程度上，人类的基因组有点类似CD，它也携带着数字信息。基因组就包含在一个细胞内的全部染色体之中。而染色体则是由一条长长的 DNA 分子和一些相关联的蛋白质所形成的。一个基因就是 DNA 的一个片段，用于产生特定的蛋白质。

DNA 由四种化学物质（核苷酸）构成，通常用字母 A、T、G 和 C 表示。[2]每个染色体内有两条 DNA 链，相互盘绕成双螺旋结构。1953年，Watson 和 Crick 提出了双螺旋结构模型，此项发现使他们后来获得了诺贝尔奖。[II]每一条多核苷酸单链都按照碱基互补配对原则，与另一条多核苷酸单链相连。其配对原则是：A 只能与 T 配对，G 只能与 C 配对。两个互补的核苷酸即形成一个碱基对。整个基因组共有 30 亿个碱基对，形成 20 000 到 30 000 个基因。

每个基因中，化学物质都按特定的方式排列，以便于特定蛋白质的生成。每当需要这种蛋白质时，就从该基因中"读取"相应的化学"编

1　一位法国哲学家和科学史学家，也是 *Histoire de la notion de gène*（Pichot，1999）一书的作者。

2　分别代表腺嘌呤（A）、胸腺嘧啶（T）、鸟嘌呤（G）和胞嘧啶（C）。

II　James Dewey Watson 和 Francis Harry Compton Crick 于 1953 年在《自然》杂志上发表了上述工作，并于 1962 年获得诺贝尔生理学或医学奖，同时获奖者还有 Maurice Hugh Frederic Wilkins。——译者

码"——给出该蛋白质分子中化学元素排列的模式。人类的基因可对构成人体的约 100 000 种蛋白质的分子序列进行编码。没有基因编码，就没有蛋白质的合成。由于蛋白质对生命至关重要，故基因组的重要性已无须赘言。

一个活细胞可以看作是一出连续而又充满剧情变化的戏剧。分子间不断地相互作用着，并处于不断的变化之中。一个变化又可触发另一个变化，如此循环往复。我们称这种不断重复发生的复杂分子反应链为"途径"。例如，细胞周期调控途径；又如，与细胞生长、分裂、增殖有关的发育调控途径。此外，还有其他各种调控途径。所有这些生物化学途径都以蛋白质为其主要支撑。

众多细胞组成各种组织，如上皮[III]、骨、肌肉组织等；组织又进一步形成各种器官，如心脏、肾脏等；有关器官又组成具有特定功能的系统。所有这些组织、器官组成的系统，连同免疫和内分泌系统一起，形成完整的动物机体。在机体的不同层次，运行方式也有所不同。但正如生物学家所言，所有这些"功能"的运行都需要有蛋白质的参与。

在这里，因果关系好像完全是单向的：DNA 引起蛋白质的产生，蛋白质又进一步构成细胞，等等。生物体本身只不过是其外在表现而已，而真正发生在内部的故事则是，基因内编码信息的表达。用生物学家的话来说，就是表现型是由基因型"创造"的。这个故事听起来相当动人。

而事实是，我们给自己戴上了一副有色眼镜，使得自己无法再用任何其他方式来考察基因编码和生命系统之间的关系。

在这一章，我们将探讨其根源。

• 为什么我们会如此热衷于以基因为中心的观点？对此问题，可以通过分析一个经典且广为流行的观点——1976 年 Dawkins 关于"自私的基因"的描述——来进行探讨。

• 为什么会有这么多人将这一观点解释为基因决定论？这个问题相当重要，依我之见，这并非 Dawkins 的本意。那就让我们先来看看 DNA 狂热发展的历史背景吧。

III　原书此处为"skin"（皮肤），属于器官，故中译本改为"上皮"组织。——译者

就从刚才讨论的"内部故事"，即还原论的因果链开始吧，如图1所示。

整个因果链按上行方向运转，从基因到生物机体，是一个"单向"的系统。其主要想法是，如果我们了解了最低层元素，即基因和蛋白质的一切，那么生物机体的一切也就非常清楚了。根据对低层次的了解和知识，我们就能够推演出高层次所发生的一切，并可对其做出圆满的解释。也就是说，我们可以自下而上地重建出整个机体。

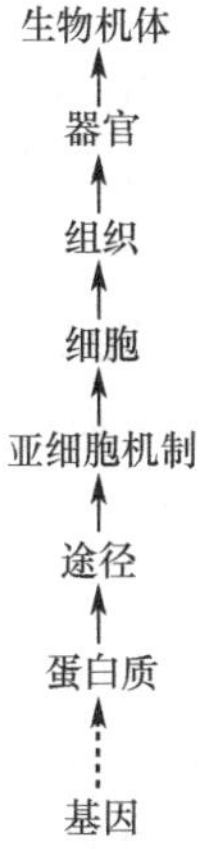

与其他环节相比，整个链的第一个环节相对较为薄弱，其所表示的因果关系也颇为不同。其上方的每个阶段，都属于物理性因果范畴——即一种化学反应如何引起另一种反应。但在第一阶段，所发生的事情有所不同，超出了化学反应的物理性因果范畴。这个阶段常被称为编码读出过程，包括遗传密码的转录和翻译。自 Monod 和 Jacob 提出"le programme génétique"[IV] 这一有趣的观点后（Monod and Jacob，1961；Jacob，1970），这些密码又被称为生命的蓝图或生命的程序。

关于图1就先说到这里。问题是，这幅图只说明了故事的一半。在第4章，我们会详细讨论它究竟漏掉了什么。此刻，我们不妨先假设它就如所设想的那样，是很全面的。

基于这个假设，我们先问一个问题：这一因果机制是否会按照图1所呈现的方式工作？答案是：决不可能！

生物机体

↑

器官

↑

组织

↑

细胞

↑

亚细胞机制

↑

途径

↑

蛋白质

↑

基因

图1 还原论的因果链

基因决定论的问题

基因以 DNA 序列的方式编码，这些序列又被复制并传递给后代，因此生物学家又称基因为"复制器"（replicators）。但基因决定论却总

IV 原文为法语，意为"遗传的程序"。——译者

是设法将它们看作是引起生命活动的动因。这怎么可能呢？DNA 究竟能做些什么？其实就像其他生物分子那样，并不太多。生命活动中真正起作用的是蛋白质。它们才是真正活跃的分子，大量参与生命活动所必需的生物化学过程。与之相比，DNA 更加被动一些。

蛋白质是在细胞内被称为核糖体的微型工厂中合成的。当这些工厂接到一条消息（message），"通知"它们合成某种蛋白质时，即开始运转。而每条这样的消息又都是由 DNA 产生的。与相应蛋白质序列对应的 DNA 序列被复制到另一个被称为"信使"的分子上，并由它们再将这些序列形式传送给核糖体。这个信使分子又称"信使核糖核酸"（mRNA），是另一种类型的核酸序列。因此，DNA 序列也是一种模板，其特定的核苷酸序列可被转录以产生特定的遗传信息；这一遗传信息又可被进一步翻译成一个氨基酸序列，并最终合成蛋白质。氨基酸是组成蛋白质的基本单位，正如核苷酸是 DNA 的基本组成单位一样。

上述过程被称为"基因表达"。这个术语给人的印象是，整个过程都包含在基因当中，或者至少包含在基因所携带的信息中，只要简单地将它"表达"出来就可以了。

虽然我们经常说 DNA 序列"决定"蛋白质，但是这种说法还是让人觉得有点儿离奇。事实上，DNA 只是待在那儿，细胞偶尔从中读取它所需要的序列以产生一些蛋白质。这很像我的高保真音响设备从 CD 中读取数字信息以产生真正的"效果"——音乐。所以，在还原论者的因果链中，第一步根本就不是一个简单的因果性事件。相反，序列被读取这一事件非常重要，它启动了随后一系列事件的发生。没错，这些都是物理性事件。但读取过程本身，以及被读取的对象才是最重要的。

这个过程需要有特定的蛋白质系统参与，它们才应该是产生这整个变化过程的真正动因。只有它们才可"读取" DNA 编码。如果离开了拥有这些蛋白质系统的细胞环境[3]，DNA 就什么也做不成；这就如同没有 CD 播放器，CD 也什么做不成一样。于是，我们就得到了一个自相矛盾的悖论，即在读取编码以产生蛋白质的机器中，需要有蛋白质的参与。在后面的章节中，我们还会继续讨论这一悖论。

3　病毒也不例外。它们需要进入细胞以启动复制机制，在细胞外病毒不能复制。

　　但这也可能只是与所使用的技术术语不同有关？也许，因果链是从基因开始还是从蛋白质开始，并非如此重要。我们能不能把整个故事稍微调整一下，改称遗传编码是包含在蛋白质序列之中。这也许是考察上述问题的一个合理的思路；只是它还需要假设，每一个基因都只直接编码一种蛋白质，也就是说，DNA 和蛋白质这两种序列是一一对应的。但事实并非如此。

　　在高等动物中，我们将一段段 DNA 编码集总在一起，并称之为"基因"，但它们又并非总是连续的。在大多数情况下，它们都被分割成一个个被称为"外显子"的小片段；这些小片段又被没有信息编码功能、称为"内含子"的 DNA 片段所分开。这些外显子编码可按不同的顺序进行组合，形成一个完整的蛋白质编码。由于每个细胞内所含的 DNA 可长达 2 m，比大部分细胞长约 100 000 倍，故 DNA 链不可能以平直伸展的细丝状形式存在，而是以一种我们目前尚不了解的方式，在细胞核中折叠成三维结构。这些细丝在细胞内的折叠方式可能会使对某些序列的读取较其他序列更加容易一些。

　　因此，读取这些分开的外显子并加以组合的方式，可能会有许多种。从技术上看，每个基因通常有很多个"剪接变异体"，用来对不同的蛋白质进行编码。这些剪接变异体实际上就是对分开的外显子按不同方式进行读取和连接的结果（Black，2000）。例如，若一个基因含有三个外显子 a、b、c，它就可以被读为 a、b、c、ab、bc、ac、abc，甚至还可能被读为 cba、ca、ba，其中每一个都对应着不同蛋白质的编码。很遗憾，对这种组合及蛋白质编码的法则，目前我们还知之甚少。

　　这里我们不妨以果蝇的 Dscam 基因为例。它有 110 个内含子，因此，可能有成千上万种剪接变异体（Celotto and Graveley，2001）。更有趣的是，Dscam 基因并非总以同一种方式发挥作用。在果蝇生命周期的不同阶段，其作用也有所不同。在任何一个阶段，所有理论上可能的剪接变异体中，只有部分会发挥作用，其余则全然无效。因此，在其早期和晚期阶段，情况都不相同。

　　一定程度上，这个过程还与细胞的内环境有关。例如，有一些蛋白质可激活 DNA 序列的转录过程，有些则可阻止此过程，其间的相互作用非常复杂。此外，DNA 编码自身的一些特性也会对某种特定的变异体是否会表达产生影响。在一个给定基因的 DNA 序列中，我们还可找到一些启动子和增强子序列。因此，我们认为，基因表达的调控还涉及多重因素错综复杂而又微妙的作用和相互作用。

有些调节过程控制如何从基因中读取编码，以形成蛋白质（转录）；还有些调节则控制转录后发生的事件。这些过程都非常复杂，除 DNA 编码本身，还要受到许多其他因素的影响。

这就意味着读取基因组的方式可有许多种，故我用 CD 来做比喻显然非常局限。当把 CD 放入播放器时，每个声道只有一种音乐播放方式，这是一个单道、单向的读取过程。与之相反，对于基因而言，读取过程则是灵活的和组合式的。智能 CD 播放器也只能在一定程度上做到这一点。我们可以控制高保真设备，按照录制时划分的轨道，以灵活的顺序播放各个音轨。两者的区别在于，基因组的分段数目之多，已达到不可思议的程度。其后果我们将在第 2 章讨论。

在这种灵活性中，还包括许多备份性的支持过程。所以，在基因组这个层次上，就有可能对错误和故障进行纠正。即使有一个重要的基因被完全敲除，这些过程使得机体仍能勉强维持。就好像 A 计划失灵了，B 计划就能自动切入那样，细胞仍能合成蛋白质，以替代已失效基因原来所编码蛋白质的功能。

除了来自蛋白质合成层次上的多重影响因素之外，我们还必须将来自更高层次、重要且复杂的因素亦考虑在内。应当指出，基因与生物功能之间并没有一一对应的关系。因此，严格地讲，说一个基因是"X 功能的基因"是不正确的。作为基因产物的蛋白质，必须协同作用，才能产生高层次的生物功能。如果一定要使用这种表达方式，至少也应该指出，这项功能有多个"X 功能的基因"参与。

但即便这样说，也会引起严重的误导。首先，不仅需要有多个基因的协同作用才能编码产生各种蛋白质；而且还需要多种蛋白质之间的相互作用，才能产生任何特定的生物学功能。再者，每一个基因还可能会在多种不同的功能中发挥作用。因此，用功能来标记和命名基因是非常困难的。

这里让我再来举例讨论生物机体高层次功能的一些情况。例如，心脏起搏点的节律、胰腺的胰岛素分泌，还有脑内神经脉冲的传播，等等。这些功能的实现都涉及低层次的生理过程，例如，细胞排出钙离子的过程。现已搞清，这是一些特定蛋白质协同作用所产生的效应。这个过程很重要，因为在细胞和器官内进行的许多过程中，钙都担任控制器的角色。

这种钙离子的转运过程以各种方式在不同情况下进行。比如，我们前面提到的三种功能，以及更多的其他功能，都涉及这个过程。事实上，很难想象会有一种高层次功能竟然没有这些钙离子转运蛋白质的参与，当然，也包括编码这些蛋白质的基因的参与。细胞内许多其他过程亦是如此。在诸多不同的功能中，这些低层次的过程都会被反复使用。所以，高层次功能看起来更像是一个重组游戏。

如果我们能够坐下来，去查明这些基因在高层次功能中的作用，我们可能就会得出一份很长且永无结尾的清单。这正是我们开始研究生物功能演化时所遇到的问题，面临几乎无穷无尽的重组游戏。因此，若以编码何种蛋白质这类低层次功能来命名基因，相对较为容易；但若以高层次的功能来命名基因，则要困难得多。

要做到这一点，我们需要有一本手册，能列出每个基因所参与的所有功能，以及它对每一项功能的贡献。大自然并没有提供这样的手册，所以我们必须得靠自己。这就是被称为"基因本体论"（gene ontology）的研究计划。要想在这个计划上有所作为，我们就不能仅仅局限于基因和蛋白质，还需要去研究更高层次的功能。

这也是我反对用"生命之书"这个有趣的比喻，来描述基因组的主要原因（详见第 3 章）。一本书可以用来描述、解释、阐明问题，或做其他很多事情。但当我们打开一本书，发现里面只是一串串的数字，看起来就像一个计算机程序的机器码，我们肯定会问：真正的书在哪儿？这个只不过是一个数据库而已。也许通过其他的解释程序，能够从这个数据库中再产生出另外一本"书"；但在其问世之前，我们所拥有的仍然不过是一大堆密码而已。

我的中心论点是，生命之书就是生命本身。生命不可能被还原成只是自己的一个数据库。需要进一步明确的是，基因组也仅仅是许多个数据库中的一个。生物系统的功能还取决于物质的一些重要特性，而这些特性又并非是由基因所决定的。对此，我将在第 3 章继续讨论。

基因决定论魅力的由来

要搞清楚我们所发现的遗传信息的重要意义，还有许多工作要做。读者在第 2 章将会了解到，这些问题广博无比。要解决这些问题究竟需要花多少时间，我们仍然心中无数。

那么，为什么基因决定论者的主张会对大众有如此大的吸引力呢？为何它竟然能够影响大众对基因的讨论方式，使得诸如"关于这个的基因"、"关于那个的基因"的说法风行一时，好像搞清基因的一切只是一个时间问题？为此，我们需要先回顾一下遗传学和生物学科学概念的发展历史。

在法语系国家和英语系国家之间，这些科学概念的发展历程截然不同，形成了有趣的对照。我在随后的章节中，还要谈到法语系国家的有关辩论情况。在盎格鲁-撒克逊的世界，这场辩论最后成为持基因中心观点的一派，如 Richard Dawkins（1976），和持多层次选择观点的一派，如 Stephen Jay Gould（2002）之间的争论。

基因中心的观点，即"自私的基因"的观点，是用带有比喻手法的辩论体裁来表述的：通过生动的比喻，以特殊的方式来解释科学的发现。它已提出了许多有价值的见解，并已被用于推动生物科学沿着新的途径发展。我并非对"自私的基因"观点持批评态度，也不想否定其影响和价值。然而，它只不过是一个比喻，而非直接的、由经验获得的科学假说。为了说明这一点，我想请读者参与一项思维性试验。其具体步骤如下：我先选出一小段有关"自私的基因"观点的主要陈述；然后，除了保留其中一句中性的陈述外，我把原来陈述中所有其余短语都改用与本书观点一致的、相应的对立性比喻短语来替代；最后，再重新组成一小段陈述。此项试验之目的在于，考查通过一项经验性测试，可否将关于基因与表现型间关系的两种截然对立的观点区分开来。

好，先来看看关于"自私的基因"原来的陈述（Dawkins，1976：21）：

现在它们都拥挤到庞大的集群里，安全地躲在巨大且笨重的机器人中，与外界完全隔离，通过间接曲折的途径与外界通讯，进行遥控操作。它们存在于你和我之中；它们创造了我们的身体和精神；它们的保存是我们得以存在的终极原因。

我希望读者能仔细思考这一陈述，理解它的全部含意。再试着问问自己，您是觉得这个论述不言而喻，还是令人震惊、难以置信、似乎有理、正确、错误，或是毫无意义。它所陈述的是理论还是事实，或者都不是？在继续试验之前，请您先对这段论述形成一个看法。不管您的看法如何，我相信您都会觉得这项试验很有趣。迄今为止，《自私的基因》一书的读者已经表达过各种各样的看法。

现在，让我们看看，除了这句"它们存在于你和我之中"外，如果把陈述中的每个短语，都用与之相对立的、来自"基因若囚犯"观点的相应短语来代替，会发生什么：

现在它们被围困在庞大的集群里，被锁在具有高度智能的生命机体中，由外界塑造成型，通过复杂的过程与外界通讯，盲目而神奇地又出现了功能。它们存在于你和我之中；我们是它们的代码得以读出的系统；它们的保存完全依赖于我们从繁殖中获得的乐趣。我们是它们得以存在的终极原因。

如果我们再将这两种论述的语句——对应排列，其对比效果会更加明显：

现在它们都拥挤到庞大的集群里，
现在它们被围困在庞大的集群里，
安全地躲在巨大且笨重的机器人中，与外界完全隔离，
被锁在具有高度智能的生命机体中，由外界塑造成型，
通过间接曲折的途径与外界通讯，
通过复杂的过程与外界通讯，

进行遥控操作。

盲目而神奇地又出现了功能。

它们存在于你和我之中；

它们存在于你和我之中；

它们创造了我们的身体和精神；

我们是它们的代码得以读出的系统；

它们的保存是我们得以存在的终极原因。

它们的保存完全依赖于我们从繁殖中获得的乐趣。

我们是他们得以存在的终极原因。

　　对于许多读者而言，这项试验不但奇特，而且富有挑战性。对同一事物，竟然会有如此不同的观点：科学家们是否已经知道哪种观点正确？迄今为止，我已做过许多次试验，每次都得到了相同的结果：似乎没有一个人认为，一项试验就可以测出这两种陈述之间的经验性差别。所以，这两种陈述都不属于经验科学的范畴；但在两种陈述中都有的"它们存在于你和我之中"这一句，显然是正确的和经验性的。

　　Dawkins 和我在这一点上意见完全一致。他在随后的一本书中曾写到"我怀疑是否能用试验来证明我的主张"（Dawkins，1982：1）。Dawkins 也曾明确表示，他绝对不是一名基因决定论者。在《自私的基因》一书中，他曾写到"我们有能力藐视出生时所携带的自私的基因"（第 215 页）。在近期出版的一本著作中（Dawkins，2003），他甚至以"基因不是我们"作为一章的标题。但我发现，《自私的基因》的读者常常忽略了这些要义，以致他关于"自私的基因"的中心论述反而被孤立地当作基因决定论者的论据。在本章的最后，我还要进一步探讨，为何"自私的基因"这个重要的比喻却助长了基因决定论的气势。

　　对一场争论中的经验性科学内容，可采用下述测试进行检验：尝试用对立观点替代的方法，将其拆解；并用询问的方法，对两者之间的区别进行经验性检验。如无这类测试，那么，我们所面对的不是因发言者立场而异的社会学辩论观点，就是比喻。当然，我们也可能会同时面对这两种情况，因为辩论家最喜欢借助比喻。本书也属于辩论类著作，因此也有意使用了一些比喻或比喻性的故事。将基因比作"生理的囚犯",就如同将其描述为"自私的"一样,也是一种比喻。两者都没有任何经验性基础。从本质上看,您究竟喜欢哪种描述,与科学知识并无太大关系。但利用这些比喻,却可以使对科学的描述和解释更加生动有趣。但问题是,这些比喻也都有一定的局限性。

所谓"自私"是基于这样一种观点:一个基因在赋予机体以选择性优势的同时,也因此而"自私地"保证了其自身的生存和传递。由此延伸,一种非常有限的利他主义,即表面上的"不自私",可以通过影响其功能上可互补基因的生存机会来体现。这一观点最早由 William Hamilton 从数学上推出。从"自私的基因"观点来看,这类模型的意义可能在于:为了相近基因中自身互补基因的生存而牺牲自己的基因,反而会借此而提高其自身的生存机会。因此,基因为中心的观点着眼于基因在生存竞争中的个体利益。

反之,"基因若囚犯"的观点则强调,单个基因需要与多个其他基因相互配合,才能产生一定的生理功能,因此,基因的行为要受到极大的限制。这个观点强调这一事实,即基因的选择并非孤立进行。其生存还取决于许多其他的基因,取决于它们能否合作编码出具有选择优势的生理功能。所以,乐于同其他基因合作并取得成功的基因,其生存机会亦会提高。

每个比喻都有各自的长处和不足,关键在于如何运用。如果我们能够明确使用这些比喻的目的,能正确分析比喻的作用,了解比喻中哪些概念能与所讨论的科学问题之间有很好的对应关系,则使用比喻应该不会有什么不妥。在本章的最后,我将进一步比较和讨论关于基因的各种对立性比喻。此外,在整本书中,我都在探讨我所用比喻的局限性,也包括在本书的戏剧性结尾中消失的最重要的比喻。

任何一个比喻都不可能与其所描述的情况完全对应。它们总是以降低其他方面为代价,来突出某些方面。如果完全按照字面意义来使用比喻,或超过其应用范围来使用,或将其作为唯一正确的科学解释,那只会带来坏处。针对还原论者关于基因比喻中所带有的倾向,一剂良药就是牢记:正如 CD 上的数字信息一样,基因"只是"数据库中的比特,它们自身并不能对任何东西确定性地进行"编程";只有生物体的存活或死亡，才能提供进化选择的基础。随着阅读的深入，您会逐步了解为何我要持此观点。

生命也非一份蛋白质羹

前面我已经提到，在盎格鲁-撒克逊世界，关于进化理论的辩论主要在 Stephen J. Gould 和 Richard Dawkins 之间进行。虽然我的观点更加接近 Gould 而非 Dawkins，但却与其中的任何一个都不完全相同。一个原因是，这场辩论的观点过于两极分化，又过分注重词义上的咬文嚼字，使人觉得它更像一场中世纪式的辩论，而非现代的科学辩论。如能对比喻在其中所起的作用取得共识，则许多误解将立即得到澄清。虽然关于比喻在语言学、哲学以及认知心理学研究中的应用已有大量文献发表（Kövecses，2002；Lakoff and Johnson，2003），但在科学中却还很少这样做。

不同的甚至是对立性的比喻，能够阐明同一件事物的不同侧面；即使这些比喻本身互不相容，但可能都是正确的。能认识到这一点，我们将受益匪浅。因此，我们对不同比喻的评价和比较，应不同于对经验性描述的比较。比喻之间的比较，应主要看重其见解是否深刻，以及是否简洁、优美、具有创造性等。我们也可采用这些标准对基于正确经验的科学理论进行评价。但这些科学理论的存在或消亡，最终还是要靠经验性的检验来确定。

我们还应认识到，按还原论的观点，关于基因的大部分陈述似已陷入一个怪圈：一个基因在分子水平上的成功就是尽可能多地复制自己，以提高其在基因库里出现的频率。若按"自私的"基因的观点，我们又很容易忽视它在其他方面的成功标准，例如，在多基因的更高层次网络中的整合特性。而这才是一个基因，或更准确地说，一组基因取得成功的生物学原因。

我们还应看到，一个基因是否成功取决于它在实现高层次功能中所起的作用。这才是在选择过程中能使一个生物机体处于有利地位的真正原因。因此，合乎逻辑的解释应当是：一个基因成功的原因并不在于其 DNA 编码，而在于如何对这些编码进行解释；以及这些解释的结果，又是怎样与整个生命成功的逻辑相符的。

因此,对于一些基本的问题,比如"什么是基因?"就必须重新进行思考。由于既要考虑许多基因的模块化编码区域,又要考虑那些为许多不同蛋白质编码的基因,以及由于物种演化而致使功能完全改变的基因,故问题的答案并非那么简单。这里又提出了一个新的问题,基因到底是应该用其编码来定义,还是用其功能来定义。

此外,DNA 细丝的三维排列对于 DNA 序列的读取也非常重要。它可能与决定哪些剪接变异体处于更加有利的地位有关。大自然是随机行事的,它既未曾去构建它的基因数据库,以便于人类日后读取;也不曾像亚当为动物命名那样,在一开始的时候就为每个基因按功能命名。它只是随机地探索着各种可能的功能组合。其中,只有极少数的组合才在更高层次上具有一定意义;而成功抑或失败,却又正是取决于这更高层次的活动。

从我所主张的系统-层次角度来看,基因和蛋白质就像孩子们玩的乐高玩具[V]中的积木块,可以用许多不同的方式组合。其中,同一个积木块可以通过不同的联接方式,参与各种组合,而发挥不同的作用。这也是为什么我要强调基因表达模式的理由。同一个基因可在不同的表达模式中出现,并产生完全不同的生理功能。

这正是 21 世纪生物学所面临的巨大挑战:怎样根据蛋白质在系统-层次中的相互作用来解释表现型。对此,分子遗传学的作用非常有限。实际上,能否对基因组进行正确的诠释亦有赖于这项工作的进展。此外,我们还需要进行系统-层次分析,以进一步了解基因表达的反馈调控(见第 4 章)。基因组也应该从表现型中读取,而非其他方式。

能用 DNA 编码序列成功解释蛋白质序列,的确是一项令人震惊的伟大成就。它也是 20 世纪生物学最重要的成就之一。但有时我们似乎又忘记了,遗传学的原始问题并不是蛋白质如何生成,而是"何以犬之为犬,人之为人"?只有表现型才需要解释,但它又绝不仅是一份蛋白

V 乐高(Lego)是一个世界知名的玩具品牌,主要生产用于搭建各种结构的积木块。
—— 译者

质粪。

对替代性比喻的诠释

使用丰富多彩的比喻的乐趣之一，就是可以留给个人较大的解释空间。这里所给出的解释，并非唯一的或独有的。比喻的运用是一门艺术而非科学；如同其他艺术形式一样，艺术家并不一定是最好的解释者。我不能保证，我对 Richard Dawkins 原来比喻的解释就是他的原意；也不敢保证，读者对我提出的替代性比喻的解释就一定不如我的好。本节之主要目的在于：从本书的主题思想出发，对这些比喻或说法的长处和不足做一番说明。我还评述了原来比喻的不足，并希望能通过我提出的替代说法，对其进行纠正。无疑，这些替代性的比喻也会有其自身的弱点。

原来的比喻：现在它们都拥挤到庞大的集群里。 这个说法的长处就在于，将大量的基因比作成群的蜜蜂或者蝗虫，聚集成一个庞大的集群，其中每一个个体均有各自的兴趣和行动的自由。所有个体的行为就汇集成集群的行动。由于天生的"自私"行为，它们"选择"在体内成群聚集。

替代性的比喻：现在它们被围困在庞大的集群里。 从机体的角度看，基因是被捕获的实体，不再具有独立于机体之外的、属于自己的生命。这就迫使它们必须与其他许多基因合作，以获得更多的生存机会。正如 Maynard Smith 和 Szathmáry（1999：17）所述："协调的复制可以阻止位于同一分隔空间内基因间的竞争，迫使它们相互合作。因为所有的基因都在同一叶扁舟上。"

这两种说法都有一个共同的思想：在生命进化的早期，核酸分子（可能是 RNA）还只是这一份化学汤中一个个独立的个体，选择也仅仅是在分子层次上进行（Maynard Smith and Szathmáry, 1999）。其后，究竟是基因"侵入"机体，还是机体"捕获"了基因，很可能只是看问题的角度不同。最可能的是，正如基因和蛋白质必须共同进化一样，细胞和基因也一起演化。在这两种情况下，任何一种脱离另外一种去独自演化，都将毫无意义。

　　原来的比喻：安全地躲在巨大且笨重的机器人中。这个有趣的比喻可能涉及多个层次，但其主要效果还在于，通过基因的灵活来反衬出机体的"笨重"。"机器人"这个词很有分量。可能令 Dawkins 不安的是，这个词会引导读者从基因决定论的角度来理解他的书。因为，一个机器人毕竟要由其他的人或物来进行操纵。在其后的著作中，Dawkins 极力明确自己在《自私的基因》中的立场。在《扩展的表现型》一书中，他写道："在很多情况下，这两种看待生命的方式实际上是一致的"，这意味着他已承认高层次的观点是正确的。

　　替代性的比喻：被锁在具有高度智能的生命机体中。这一替代性说法的长处就在于，强调系统所具有的任何智能都位于机体这个层次，而非基因层次。如果假定有关的"智能"已经被编码于基因程序之中，则这一替代性修正就无必要。在第 4 章，我将举出理由证明，基因并非程序，因此根本也不可能有"编码"形式的智能。

　　原来的比喻：与外界完全隔离。这个比喻涉及现代生物学的中心信条之一，即在机体适应环境的过程中，基因的 CGAT 碱基互补配对编码原则并不会发生改变。若按这个准则，则获得性遗传（即拉马克学说）就不可能成立。这个说法的确提示，机体只能由其基因决定；但实际上，机体还取决于基因在活细胞内复杂多变的实际操作方式，因此，这些基因表达模式肯定会受到外部世界的影响。

　　替代性的比喻：由外界塑造成型。首先，基因表达模式的可能数目非常之大，近乎无穷（参见第 2 章）。其次，在机体的更高层次上，这些模式还取决于机体与环境之间的相互作用情况。最后，基因的表达或表达阻遏还可能要受到前代经验的影响。因此，除编码原则外，基因功能的所有基本特征均"由外界塑造成型"。至于各位读者倾向于何种说法，则取决于您的注意力是放在基因的编码上，还是放在基因的表达上。这两种生物学观点都有其合理性；前者（基因编码）需要很长的时间（多个世代）才会发生显著的变化；而后者（基因表达）在几小时之内就可能发生改变。

　　由于某些原因，我们可能更倾向于原来的说法。因为，虽然在一个生物机体的整个生命过程中，环境会影响其基因的表达水平，但从理论上看，这些变化是不可能遗传给后代的。故可能传递给后代的东西已经被"完全与外界隔离"。然而，这一点并非定论，例如，母体对 DNA 编码的某些附加效应似乎就能够被传递。对此，我们将在第 4 章进行讨论。

原来的比喻：通过间接曲折的途径与外界通讯。 除了通过它们编码的蛋白质外，基因并不与个体的环境发生相互作用。因此，所有功能上的相互作用，都是通过蛋白质来实现的。

替代性的比喻：通过复杂的过程与外界通讯。 尽管相互作用的途径可能是曲折而间接的，但对每个基因而言，毕竟还会有单独的途径。我想借此强调的是，问题并不在于相互作用的间接性，而更应着眼于其复杂性，在每一项功能的相互作用中，都要涉及许多基因产物的协同作用。这两种说法之间并不像其他大部分成对说法那样截然对立；这里，替代性说法意在强调一个不同的、但我认为非常重要的方面。

原来的比喻：进行遥控操作。 这一说法赋予基因操纵者的角色，把它放在"做主"的地位。因此，它是支持基因决定论观点的。

替代性的比喻：盲目而神奇地又出现了功能。 替代性说法不再强调基因的操纵者身份，而是强调它们对高层次功能的出现是毫不知情的。句中的短语"神奇地"可要可不要，放在这里的用意是：突出面对新出现事物之美丽和复杂性时，内心的那种神奇感（详见第 3 章有关硅人的故事）。

原来的比喻：它们存在于你和我之中。

替代性的比喻：它们存在于你和我之中。 我认为这是所有描述中唯一明确的经验性说法，故未对其做任何改动。

原来的比喻：它们创造了我们的身体和精神。 这一描述也极力推崇基因决定论的解释。我认为，这一说法有两个主要问题：其一是，即使有人确实认为，创造我们的程序是由基因进行编码的，它们也决不可能独立完成；其二是，我不相信，竟然会有这样的程序存在（参见第 4 章）。

替代性的比喻：我们是它们的代码得以读出的系统。 我在本书所提出的各种观点中，以这一替代性说法最为重要。对此，可用以下几种方式进行分析。

第一种，也是最基本的分析方式是：除非先由细胞/蛋白质机器启动和控制转录及转录后修饰，再经系统-层次的蛋白质间相互作用，以产生高层次功能，从而完成对基因编码的功能性解释；否则，基因的

DNA 编码就没有任何意义，仅仅只是一个 CGAT 碱基序列而已。总之，没有来自系统的解释，基因将一事无成。

就其自身而言，基因的一段 DNA 编码犹如一个单词离开了其语言的语义框架。系统则提供了这一语义框架，并赋予基因一定的功能意义。同样道理，没有基因，系统亦无从存在。但这两者是不对称的。在生存竞争中，获胜的成功系统的逻辑在于系统自身，而非基因。生存或灭亡的也是系统（机体），而非基因。基因所能做的就是，保存能够用来重建系统的数据库。它们是"永恒的"复制者。它们不会灭亡；但若离开了生物机体，它们也不复存在。

第二种分析方式是：根据系统对基因组的翻译来对其进行解释。例如，有一些代偿机制，可以对基因敲除或不利的基因突变所致的功能障碍进行代偿（见第 8 章）。

第三种分析方式是：系统不应仅限于身体自身，还应将环境也包括在内。机体对环境的适应有许多种，包括对高海拔、严寒、营养不良等的适应。这些适应多涉及基因表达形式的变化。

原来的比喻：它们的保存是我们得以存在的终极原因。这是原来的比喻与其他各种说法争论的焦点。它是基于一种彻底的基因主导论观点的。但是，当我们开始将基因看作是一个数据库，用于复制成功的进化实验，而不是一个决定性的程序时，则这个比喻自然也就站不住脚了。

替代性的比喻：它们的保存完全依赖于我们从繁殖中获得的乐趣。我们是他们得以存在的终极原因。将原来的说法颠倒过来，就可得到这个替代性说法。它表明，从完全不同的角度看问题并不难。在生物科学范畴，哪个说法正确已无须赘言。然而，您的选择在社会和伦理方面的涵义可能是深远的。

当然，大自然对于这一类问题也不会掉以轻心。它们更像是"先有鸡还是先有蛋？"这类老难题。答案显然是：共同进化。

但我认为，存在的根本原因就在于选择所发生的层次。这个说法似乎更符合自然规律，也更有意义。只有在这个层次，我们才能够说明，何以一个机体会存活或者灭亡。

2 § 30 000 根音管的管风琴

即使经历了长达数十亿年的进化过程，整个宇宙所拥有的物质，
都不足以使自然界对所有可能的相互作用一一进行尝试。

——摘自本章

中国皇帝和贫穷的农夫[I]

传说中，有这样一个故事。两千多年以前，一位中国皇帝在战斗
中曾被一名卑下的农夫所救。这位皇帝可能就是秦始皇，有时亦被称
为"始皇帝"，因为他是把中国统一起来的第一位皇帝，从而形成了
我们今天所看到的这个大国。为此，他必然经历过很多次残酷的
血战。

接下来的故事是，当战斗结束、皇帝回到皇宫后，他决定召见这位
农夫并给予奖赏。"你救了我的命，我很感激你，为此，我要实现你所
有的愿望，你能够得到这个世界上你想要的任何东西。"农夫环顾了一
下这座豪华的宫殿，回答道："陛下，能把您的棋盘拿出来吗?"当然，
皇帝有很多棋盘，他命令侍从把皇宫里最贵重的棋盘找出来。

当棋盘拿来后，出乎皇帝意料的是，农夫并没有把这个非常贵重的

I 这是一个传说中有关印度国王的故事，所涉及的数学知识是"等比数列前 n 项求和"
的问题。中国现行的高中一年级数学教材已将其编入"数列"一章的引言。本书著者又将这
个故事改编为一个有关中国秦始皇的故事，以使其也带有中国的文化气息。但以下的史料表
明，中国秦代尚不具备故事内容所要求那样的数学基础和棋艺条件。从数学发展史看，中国
直到南北朝时期才对等比级数有了粗浅的概念。宋元时期，杨辉在《续古摘奇算法》中只给
出了等比数列求第 n 项的算例，没有给出等比数列求和公式和实现算法。这可能与中国古代
缺乏表达指数的有效方法，无法写出等比数列公式有关。从棋艺发展的历史看，中国古代先
有围棋而非象棋。在春秋战国时期已有关于围棋的文字记载，如《论语》中即有"不有博弈
者乎"的语句。这里的博弈即指六博和围棋。虽然国际象棋公认起源于亚洲，但究竟是印度、
中国还是波斯，尚有争论。但据史料记载，棋盘为 64 格的中国象棋的最早出现年代为公元
569 年（南北朝后期的北周）。——译者

棋盘当作奖赏，而是把它稳稳地放在大殿的地面上，然后从衣袋里摸出了 15 颗陈旧的谷粒，还夹带着里面的一些脏东西。当他拿着这些稻谷粒在棋盘周围徘徊时，皇帝迷惑地看着他，"我给了你用宝石镶饰的、皇宫里最贵重的棋盘，而你却要把衣袋里的这些脏东西扔在上面！"

"不，陛下，我并不是要把这些谷粒随便撒在棋盘上，而是要按照一种特殊的顺序，将它们排列在您的棋盘上，请仔细看。"

当农夫选了一颗稻粒，并把它放在棋盘第一个方格的中间时，皇帝和侍从们都更加迷惑不解。这个棋盘又大又漂亮，以至于每个人要凑得很近，才能看清这颗小小的稻粒，并把它和棋盘上镶嵌的象牙图案区别开来。接下来农民又拿了两颗稻粒放在了第二个方格里……

皇帝以为这个农夫肯定是要拿这些稻谷粒当棋子。"这人真傻！"，皇帝心想，并让侍从把宫里最好的一套棋子拿出来。

侍从们赶快去拿棋子。这套棋子甚至比棋盘还要豪华，镶满了珠宝；每一颗棋子都是一件独一无二的艺术品。此时，农夫又继续在第三个方格里放了四颗稻粒。他检查了一下，发现手中还剩八颗稻粒。当侍从们把这些闪闪发光的棋子放在他面前时，他正准备把手中所有的稻粒连同衣袋里的脏东西，都倒在第四个方格里。

"这些棋子也属于你啦！"皇帝说，"为了报答你的救命之恩，请收下这微薄的礼物吧。"

农夫并没有理会他和那些华丽的棋子，他把最后的稻粒放在棋盘上，搓了搓手。迎着皇帝的目光，他深深地鞠了个躬，说道："陛下，我不需要您的漂亮棋盘和那些闪闪发光的棋子，它们对我这样一个穷的庄稼人没有用。我只是希望能够为您完成这个刚刚开始的摆放过程：在第一个方格里，放一颗稻粒；在第二个，放两颗；在第三个，放四颗；在第四个，放八颗；照这样放下去，直到第 64 个方格。到时候，我只拿走米，而棋盘和宝石棋子还留给您。"

此时，皇帝已经很瞧不起他。尽管在搭救皇帝性命的时候，这位农夫表现得无比机敏和灵活，但他到底还是一个没有见过世面的土包子，完全不了解他所拒收的东西价值连城。他所关心的，只是全家人下一顿饭的问题！

于是，皇帝很快估计了一下所需要的数量，命令侍从们把库房里最大的一袋米拿来。好几个人才把这个重 100 千克的米袋子抬过来，"砰"的一声放在棋盘边的地上。"继续往下摆，"皇帝命令道，"就像农夫刚才那样，但不要数得太认真。反正我最后要把这一整袋米都给他。"农夫微笑着鞠躬致谢。

　　侍从们按照皇帝的命令去做，但数得还是很仔细。作为宫廷侍从，第一件工作就是要认真对待宫廷的财产。他们心里都在嘀咕，等看到这个又脏又无知的农夫拿着足够他和家人吃一年的粮食离开时，自己心里会是什么滋味。就这样，农夫和皇帝坐着，看着侍从们费力地数着：第五个方格，放 16 粒；第六个，放 32 粒；第七个，放 64 粒，……。刚开始时，他们数得相当快。大袋子仍是鼓鼓的。

　　但是，到第 11 个方格以后，他们发现，每一个方格都需要数以千计的稻粒。这时，有一个人终于明白了皇帝第二部分命令的明智。他大声说："我们用一个差不多刚好能盛一千颗稻粒的容器来量吧。"于是，对接下来的 10 个方格，他们就用这个量器来大概计数。

　　到第 16 个方格时，他们发现需要量 30 多次才行。实际上，棋盘早已放不下啦，于是，他们开始把量出的稻谷粒堆在宫殿的地上，并让每一堆对应着棋盘上的一个方格。到第 21 格时，他们发现需要量 1000 次才行。更糟的是，到第 22 格的时候，稻米已经用光了。由于他们需要 2 百多万颗稻粒去填这个格子，这袋重 100 千克的稻米一下子就被用光了。这些米堆的摆放已经远远超出了棋盘的范围。他们哀求地望着皇帝，"陛下，我们该怎么办，再去多拿几袋稻米吗？"

　　皇帝看起来已有些茫然不知所措，但他仍然认为这只是一种简单的相加关系。他以为，只要再多拿几袋就足够了。"好，再从库房里拿 10 袋，然后继续。"这时，皇帝已经开始对这件事不感兴趣了，因为，他最漂亮的一位妃子已来到大殿的后面。

　　但是，一位侍从开始意识到问题的严重。他低声对同伴说，"这样不行！想想看：如果我们把放在前 22 格里的所有稻米都加在一起，已经超过一整袋了；而我们还需要在第 23 个方格再放同样数量的稻米。[1]

　　1　他明白了所谓倍增效应（effect of doubling）就是：把放在前面所有格子中的谷粒加起来，再加一粒。

也就是说：仅仅一个方格，就需要放一袋多米；再下一个格子，就需要两袋以上。照此下去，我们还需要几百袋米才能完成这个工作。"

皇帝无意中听到了这些话。虽然爱妃的出现令他动心，他还是开始担心起来。但是，侍从提到的几百袋米又打消了他的疑虑。"没问题，"他说，"今年的收成非常好。上次清点库房的时候，皇宫里还有几千袋稻米。去！需要多少就拿多少。"

当他们放到第 32 个方格，即刚好是棋盘全部格子数的一半的时候，已经用掉了宫中 300 多袋米。要填下一个方格，还要再用 300 多袋；再下一个方格，则要用 600 多袋。侍从们已经不再把袋子堆在宫殿的地上了，他们在库房里，直接给米袋贴上棋盘方格对应的号码。

那个懂些数学的侍从很快算了一下。纸上的结果表明：到第 36 格时，宫中所有的稻米都会用完；到第 50 格时，全中国的米都不够用；到第 64 个方格时，所需要的米足已将整个世界都覆盖上齐膝厚的一层。

他回到殿里，悄悄地把计算结果告诉了皇帝，表示完成这项工作所需要的财富是整个帝国所拥有的数亿倍。皇帝极为震惊，脸色变得苍白。他把爱妃打发走了，感觉整个世界仿佛突然塌了下来。要满足农夫这个谦卑的要求，他会倾家荡产。

农夫知道，皇帝终于明白了。

"陛下，"他说，"您是一个伟大且有权势的人，您曾骄傲地承诺，可以给我世界上任何我想要的东西。但仅仅用一个棋盘和 15 粒稻米这两样简单的东西，我就能给您上了一课。即使是您，也不一定能理解这个世界到底有多大。您不应该承诺您没有的东西。请不用担心！我会拿走您库房里所有的米，但把最后一袋留给您。您可以留着用，这足够您和家人吃一年！实际上，您根本就不需要这么多的米。"

皇帝永远都忘不了这个教训。一怒之下，在接下来的 38 年里，他让 700 000 名囚犯修建兵马俑，以保护他的陵墓。经过 30 年的挖掘，目前中国的考古学家也只是在墓的周围进行过探查，墓还从未被打开过。即使如此，已经挖掘出了 7000 多个武士俑，并在西安——中国古

代帝都长安的现名——附近公开展出。[II]

基因组与组合爆炸

我希望这个故事不致像震惊皇帝那样使你受惊，因为以下的内容可能会带给您更大的惊奇。

从 1 开始，把它加倍；再把计算结果继续加倍；一直下去，经 64 次加倍——最后你确实会得到一个非常大的数（千亿亿）。但如果我们把棋盘的方格数从 64 个进一步扩展到 30 000 个（这是目前所知人类基因组的基因总数），然后再把数字的增长方式改变一下，看看会得到什么样的惊奇。上述故事所用的规则是：下一堆稻米的数量是前一堆的两倍。现在，我们将计算规则改为：先计算一组元素之间，可能发生的相互作用的数目；再将这个数作为下一组元素的总数。

我们都知道，数学级数可具有不同的非线性度：一些可收敛于一个特定的数值；一些可呈现缓慢的增长；还有一些则以"数学爆炸"的形式出现。这里我们所涉及的就是最后一种类型，为具有严重非线性的数学函数：当元素的数目增加时，元素之间可能组合的数目会增长得非常快。我们称此为"组合爆炸"（combinatory explosion）。

从第 1 章的介绍，我们对于基因及其产物，即蛋白质，以集群的方式相互作用产生各种生物学功能已有一定了解。但还没有任何一种生物学功能仅由单个基因编码就能完成。那么，到底需要多少个基因呢？答案还很遥远。但我们确实知道，自然界是模块化的。因此，可以假设一组特定的基因或蛋白质，至少在一个半封闭的微环境中，能够产生特定的功能。我将在随后的章节讨论这一特性。这些功能模块到底会有多大？我们不妨试着先从低层次猜起。

先问一个有点荒谬的问题：如果只需要两个基因协同作用，就可以产生一种生物学功能，那么，对一个拥有 30 000 个基因的基因组来说，可能会产生多少种功能？答案是：（30 000×29 999）/2，即 449 985 000 种。[2]所以，如果假设每一种功能只需要两个基因就能实现，则会产生近 5 亿种不同的生物学功能。

让我们更现实一点。我将在第 5 章介绍，我们怎样根据不到 100 种生物学组分（蛋白质）的功能，为自然界中最重要的振荡器之一——心脏起搏点的节律性活动建立数学模型。此外，根据相近数目的组分，对于一些细菌的生物化学代谢网络进行模拟也已获得成功。

因此，若假设每一种生物学功能需要 100 个基因，那么，一个有 30 000 个基因的基因组，其可能实现的功能又会有多少种呢？答案真的会使您大吃一惊：大约是 10^{289} 种！相比之下，前面故事中棋盘游戏得到的数字只不过是 10^{19} 而已。

如果我们去掉"100 个基因"这个限制，并假定不同基因之间、任何相互作用的组合，都能产生一定功能，结果又会怎样？答案是 $2\times10^{72\,403}$ 种（Feytmans et al.，2005）。这是一个超过 70 000 位的数字，要用相当于这本小书约 30 页的篇幅，才能把这个数字都写下来。

这些数字如此之大，以致在长达数十亿年的进化过程中，整个宇宙所拥有的物质，都不足以使自然界对所有可能的相互作用一一进行尝试。考虑到这些可能性的数量过于巨大且在物理上不可能实现，所以这些数字并没有任何实际的物理意义。他们不仅是上限，而且远远超过了任何可能实现的上限。因此上述充满假设的推演肯定是站不住脚的。

2　我们现在所探讨的级数中的元素相对简单，易于理解。在这种情形下，这 30 000 个基因中的每一个，都可以和剩下的 29 999 个基因中的任何一个相互作用。这样算下来的结果中，有一半是重复的；因为我们假设，基因 x 和基因 y 的作用与基因 y 和基因 x 的作用是等同的。因此，可能的作用组合总数为 $n(n-1)/2$。

　　问题就出在这里。很多现代遗传学的科普著作都认为，自下而上，从原始的 DNA 编码开始来重建生命系统，应该是可能的。但这类重建过程正是我们刚才所见完全不切合实际的过程。显而易见，我们首先应该做的就是缩小可选范围。而实现这一目标的唯一途径就是，我们必须观察自然界自身是如何缩小选择范围的。

　　很显然，自然界在理论上应当拥有的各种可能性要比现存物种实际表现出来的多得多。当然，这也在我们的预料之中。假设任何一种蛋白质能够和其他所有蛋白质（也包括细胞内所有的代谢产物和信号分子）都发生相互作用，是极不合理的。蛋白质-蛋白质相互作用的化学机理会对其施加限制。不同的蛋白质具有不同类型的作用：有些发挥中心枢纽作用，位于网络的中心；有些则反应性相对低下，处于周边位置。

　　空间位置也是一个重要的限制性因素。在细胞和器官内，都有很多分隔空间或隔间（compartment），彼此相对隔离。因此必须搞清楚，这些蛋白质位于哪些隔间；进一步，还应了解每一种蛋白质又处于隔间的什么位置。那些位于细胞膜内或者细胞器内部的蛋白质只能与能够进入其周围空间的分子发生反应。

　　由此出发，我们的思路会更加清晰。有些研究已在进行。例如，有关大肠杆菌（E. coli）的研究即是其一。据估计，在这个小小的机体里，新陈代谢可能涉及的网络总数约为 4.4×10^{21} 个。但实际用到的回路个数要少得多——约 50 万左右。故在此例中，可能的网络数目约为实际用到的网络数的 10^{16} 倍（Stelling et al., 2002）。

　　所以，实际中发挥作用的组合只占理论上基因可能"表达"数量的很少一部分。由于可能性的数值太大，故实际所占的比例可能比我们迄今所确定的数值还要小。

　　我们以上的计算都是基于这样的假设，即每个基因都是一个固定的实体。但事实上，每一个基因还会有多种称为"异构体"（isoform）的"相当形式"（equivalent forms）。故可能的组合数目也会因此而进一步增大。于是，还要考虑基因的剪接变异体：大部分基因都具有一个以上的外显子，故至少会有三种可能的剪接变异体。而且，DNA 信息读出后发生的过程，专业术语称为"转录后调节"，也需要考虑。

　　我们已经在果蝇（Drosophila melanogaster）体内发现了 Dscam 基

因。该基因具有多达 115 个外显子，以及 38 000 种推断的蛋白质产物，其中部分会在出生至成熟期间改变其表达水平（Celotto and Graveley，2001）。昆虫具有广泛的免疫系统可能即与此有关（Watson *et al.*，2005）。

另一个重要的结论是：可能功能总数的增长要比基因总数的增长快得多。比如，将 500 个基因与 5000 个基因相比：如果每种功能涉及 100 个基因，500 个基因就可能产生超过 1×10^{100} 种可能的功能；而 5000 个基因则可能产生超过 1×10^{200} 种。因而，将基因的数目增大一个数量级，会使可能的组合数目增大 10^{100} 倍。亦即，基因数增加一个数量级，可能功能的数量就会增大 100 个数量级。因此，可能功能的数量与基因数之间的依赖关系是高度非线性的。

当我们对大小相近或者序列相似性很高的基因组进行比较时，这一结果的重要性会更加明显。比如，给一个共有 30 000 个基因的基因组添加一个基因，新的可能功能的总数将达 10^{287}。反之，如果某一种功能需要再多加一个基因才能实现，那么，新产生的可能组合总数将达 10^{292}（Feytmans *et al.*，2005）。这些数字之大，已到难以想象的程度，故对相似性很高的基因组进行比较时，我们不妨把经常被问到的问题颠倒一下。这个问题不再是："为何这些编码上的微小差异会导致不同物种在功能上有如此大的差别，或者，使其复杂性的增加又如此不同？"而应该是："在这些数量巨大的、潜在的差异中，到底有多少为自然界实际所用？它们又是怎样被选择的？"

30 000 根音管的管风琴

在第 1 章，我曾提出：基因组完全不像一个"决定"生命的程序，它倒更像是一张 CD，一个存储有可以复制再生某物信息的数字数据库。

在本章里，令我们疑惑不解的是：人类基因组为何只包含约 30 000 个基因。我们是否对基因数目竟然这么少而感到惊讶？更让我们吃惊的是：这样一个基因组，能够为实现如此广泛而多样的功能提供支持吗？

　　用音乐作个比喻，也许更有帮助：基因组就像一个有 30 000 根音管的巨大管风琴。管风琴由于可以奏出感人的乐曲而闻名，体积越大，风琴管越多，其音域和音调就越宽广，所产生的音乐效果也就越好。音乐不单单是一系列音符，它来自于管风琴的协同活动。但音乐本身并非由管风琴创造，管风琴不是作曲家，它无法写出像巴赫赋格曲那样的作品，那是巴赫写的。要奏出音乐，还需要有一位熟练的管风琴手来演奏它。

　　很巧的是，世界上最大的管风琴刚好有大约 30 000 根音管。[3]虽然大部分教堂所用的、小得多的管风琴也可以演奏出多种音乐，但毫无疑问，有着 30 000 根音管的管风琴，可以演奏出全部生命之乐。

　　如果有一架管风琴，还有一些音乐曲谱，那么，谁是演奏者？谁是作曲家？还需要乐队指挥吗？

　　这就是下面的章节所要讨论的问题。

　　3　这个纪录由美国的两架管风琴共同保持。保存在费城 Lord and Taylor 百货商场的 Wanamaker 管风琴有 28 482 根管子和 396 个音栓。它是 1914～1917 年期间，最初由 Wanamaker 管风琴店制作的。另一架保存在大西洋城会议中心的管风琴，共有 33 144 根管子和 337 个音栓。若已知基因数的估计误差为±10%，则两者的管子数目都与人类基因组的数目相近。英国最大的管风琴现保存在皇家阿尔伯特大厅 (Royal Albert Hall)，有 9999 根管子，与悉尼歌剧院的管风琴管子数目相近。巴黎圣母院的管风琴约有 8000 根管子。

3 乐谱：是否已谱写？

我坚信：细胞，而不是基因组，才是生命的基本单位，才是能够理解生命的层次。

Sydney Brenner 在哥伦比亚大学的讲演，2003

基因组是"生命之书"吗？

我们已经知道，人类基因组是一个非常巨大的信息数据库，它包括由 30 亿个碱基对构成的 20 000～30 000 个基因。每个基因可对某一特定的蛋白质，或者某一组蛋白质的氨基酸序列进行编码。所有蛋白质的完整序列和结构有时又被称为"蛋白质组"（proteome）。因此，怎样由基因组的信息来产生蛋白质组？这已是一个极具挑战性的问题。

首先，我们需要确定所有的基因，现在我们离这个目标已经越来越近；或者，至少要确定 DNA 编码的哪些部分是与基因对应的。当然，这并不意味着我们已经知道每个基因能做什么，它的功能是什么。

其次，我们已经知道，蛋白质的种类远比基因的数目多。那么，究竟是什么因素能决定哪种蛋白质会在何时产生？显然，一些反馈机制在参与调控，但又是一些什么类型的反馈呢？基因与其环境之间也存在着复杂的相互作用和影响；这既包括细胞的微环境，也包括机体生存的大环境。机体与外界环境之间的相互作用，也会对基因表达产生一定影响。那种认为基因"主宰"机体及其功能的简单化观点显然是错误的。它回避了我们所面临的真正挑战：阐明蛋白质产生（"表达"）的调控过程，即搞清决定蛋白质产生及其"表达"程度的控制过程。

最后，虽然搞清氨基酸序列可以揭示其中的一些奥秘，但仍不能回答我们的所有问题。对于蛋白质，除了其氨基酸序列外，我们还必须努力搞清它的三维结构及其化学功能。

从事人类基因组研究的科学家们最初认为，基因的总数要比已经发现的多得多。早期的估计值约为 150 000 个左右，而目前则认为在

25 000个到30 000个之间。这一发现又给我们的研究增添了新的难度。它意味着，每一个基因通常都会参与很多种不同的生物学功能。的确，这种多重功能性可能是一种普遍的现象。

这些挑战已令人望而生畏，但与下一个阶段所要面对的复杂性问题相比，它们却又显得有些微不足道。当我们试图了解蛋白质之间的相互作用时，就会出现这种情形。成千上万种不同的蛋白质究竟如何相互作用？它们又是怎样在从细胞到器官，直至生物系统这些机体的不同层次发挥作用，产生或影响功能的？这就是生理功能量化分析的任务，其整体有时也被称为"生理组"（physiome）。

显然，由基因组的信息来构建它所维持的生命系统的过程是极其复杂的。其间，必须要经历许多阶段的工作，才能揭示其中的奥秘。生理系统的数学建模与生物信息学这一新领域相结合，将会在这一过程中发挥越来越重要的作用，我在后续的章节中将进一步予以阐述。

从系统生物学的角度看，基因组本身并非"生命之书"，只有将它"翻译"成生理功能，才能"读懂"。我所持的论点是，这种功能属性并非存在于基因的水平。因为，严格地讲，基因对其所作所为"毫不知情"；蛋白质，甚至一些更高级的结构，如细胞、组织和器官等，亦是如此。

在此，我还想再加上两个很重要的观点。其一是：在生物系统，功能并非仅仅取决于蛋白质分子；水、脂质和许多其他种类的分子都不是由基因来编码的，但其特性对生物学功能也至关重要。

其二是：作为基因产物的蛋白质，其许多功能并不是由基因的指令所决定的；它还取决于目前尚不甚了解的、自组装复杂系统的化学机理。这就好像基因只是明确了一台计算机的各个组件，但却没有规定怎样将这些组件安装在一起。它们只是按照自然的化学规律行事。有人预测，这也可能是未来开发新型计算机的途径，特别是那些所谓的"分子计算机"。

因此，如果认为基因组是"生命之书"，那么它就是一本还有大量空白的书。大自然也会同意这种说法，因为，它从未考虑过如何对这类自然现象进行编码。没有与水的性质相关的基因，也没有与形成细胞膜的脂质相关的基因。更为糟糕的是，正如随后的章节所述，并没有专门为各种相互作用进行编码的基因。所有这些"缺失的信息"都已隐含在基因所处操作环境的属性之中。例如，水就是一种绝妙的物质，能够以各种非凡而又错综复杂的方式发挥作用，制约着生活机体的发育和功能，展现这个关键性物质的所有特性。

脂质的情形也是如此。它们是细胞世界的脂肪，均不溶于水。其中有一类是磷脂，是植物和动物细胞膜的主要成分。如果我们要问生物体究竟是怎样长大的？一个答案就是：因为脂质起到了它应该起的作用。

此外，环境对基因的表达及其表达程度也至关重要。信息通道并非只是简单地从基因到功能的单向方式，而是双向的交互作用。

法国小餐馆的煎蛋

在巴黎郊外，曾经有一个家庭小餐馆，因清淡、味美、口感好，而且不油腻的煎蛋而出名。当时，有一组美食家正在编写一部法式烹饪概要，他们决定将这个著名的煎蛋食谱也收入书中。

家里的妈妈爽快地答应了这一请求，给了他们一份详细的食谱，列出了煎蛋所需的原料、准备顺序、混合方式等。出乎意料的是，当巴黎的厨师们试着按菜谱去做时，却得出了不同的结果。煎出的蛋虽然味美，但却远不如家庭小餐馆做的那样清淡。

失败了再来，厨师们用不同的方式按照食谱进行反复试验，还换了不同的煎蛋锅，但还是不成功。最后，他们认为这中间肯定还有窍门，妈妈肯定没有把秘密全部透露出来！

后来，他们决定再去这家小餐馆，却发现老妈妈已经过世，现在是她的女儿在做煎蛋。

可是，女儿做的煎蛋和她母亲做的一样好吃。因此，他们拿出她妈妈写的食谱，问她是否正确。女儿仔细看了后说，这配方准确得令人惊叹，连配料都精确到毫克。她自己就是完全照这样做的。"什么都没漏掉吗？"他们问。"当然没有"，她回答说，"妈妈把所有东西都写下来啦。"事实上，她妈妈也给她写了一份完全相同的食谱。她所用的食谱和他们用的一模一样。

于是，他们请求看一看女儿做煎蛋的过程。她说，当然可以，这没有什么可隐瞒的。美食家们仔细地看着，希望能够找出食谱和她的做法间的微小差异。然而，看到的情况却令他们大吃一惊：原来在最初的准备阶段，她先将蛋清和蛋黄分开，然后再把调料与蛋黄混合；直到煎蛋前，才把打碎的蛋清加入搅拌。

他们责怪她和她的母亲都提供了不够准确的信息，在这份食谱中，未曾记录这个关键步骤。女儿也生气了，她责备他们既"愚蠢"又"傲慢"。她生气地看着这群权威人士，愤愤不平地问道，"难道你们认为还有其他准备煎蛋的方式吗?"

同样地，大自然也未曾对蛋白质的化学性质进行编码。它也不需要这么做。但这些信息对"生命之书"的重要性至少不亚于基因组。再者，解决这个问题将要比基因组测序困难得多。

简言之，我的观点就是：基因组更像是一组冗长的机器编码，用于构建生命游戏中的关键角色——蛋白质。

但是，还有一个主要的方面，我们却仍然知之甚少：这些蛋白质在机体细胞内的化学作用规律究竟是怎样的，它们是怎样折叠、结合与相互作用的。而且在功能性方面，我们也是更加无知。迄今为止，我们还不知道，一个特定的基因是否可在一种、两种、三种、一打（十二种），甚至上百种的功能中发挥作用。因此，要想知道"怎样做煎蛋"，只有依靠时间并再度依靠大自然母亲的能力。

语言的含糊性

坚持"生命之书"观点的人在反驳我的批评时常会说，所有的书都不同程度地存在着上述问题。一切语言在运用时都离不开具体的语境，其中所隐含的知识并不需要由语言本身说出。事实也确实如此。例如，各种语言对相同的客体就可能有各自不同的默认。又如，有些语言通常不使用复数形式，像汉语、日语、朝鲜语、波利尼西亚语、毛利语。但这些语言的使用者同样有复数的概念，而且清楚地知道什么时候所谈东西的个数会超过一个。

我还可以举出无数个关于词语的例子，虽然它们在不同的语言中看起来非常相似，但由于文化背景不同，其所表达的涵义也会截然不同。

如在法语中，"séduisante"是对一位法国妇女很高的赞美。但是，如用英语称一位英国妇女"seductive"则是非常危险的，因其词义为"诱惑的、引诱的、吸引人的"。为了避免文化上的差异，英语常将"séduisante"译成"beautiful"（美丽的）或"appealing"（动人的）等，以去掉原法语中所包含的性感意味。同时它也回避了在这两种语言中，"sex"（性）一词不同的文化背景问题。

如果仅在两种欧洲语言之间就有如此大的差异；那么，在相隔更远的语言之间，其误解之大，就有如中间隔着一条鸿沟。比如，在1900年左右，早期赴欧洲访问的日本人就曾用相互"舔"或"嘴唇接触"，来描述他们所见到的、令其吃惊的相互亲吻的见面问候方式。[1,I]

显然，这类"隐含"的知识是所有语言的一种基本属性。每一个人都必然从属于一种文化，而生活于其间，故任何人对待文化都不可能有中立的态度。但语言和文化之间的关系，与基因组和大自然之间的关系尚有所不同。要探讨这两者间的区别，首先要搞清楚语言的目的是什么。

人类语言之目的在于描述世界的本来面目（或者，至少是说话者所看到的）。所以，每一种语言也都以力求避免含糊不清为目的。甚至哲学研究还必须要在某种特定语言的约束下开展工作。而哲学之目的又在于：追根求源，寻求真实，超越文化的局限，并对这些局限、感官的束缚（重申康德的说法）和意义进行质疑。

与之相比，基因组的语言并不具有上述目的。当然，严格地说，它根本就没有目的——基因以及进化过程都是毫无目的的（细胞和器官也是如此，我们将在后续的章节中探讨）。如果承认这一点，那么我们就会更加肯定，基因组不是一本书。如果仍要坚持用这个比喻，我们至少也应该搞清楚：它是一本关于什么的书？是关于"生命"的吗？

---

1 现代日语借用英语中的"kiss"，用"kisu-suru"一词来表达。应该说，这种误解是双向的。有些西方人甚至认为，日本人从来不会相互亲吻。当对两种语言中的"爱"和"性"这两个词的概念及范围进行探讨时，也存在类似的问题。在20世纪文化全球化之前，很难想象一位东亚人会说"我爱你"这类句子（Downer，2003）。

I "舔"（licking）的日语为"舔める"，其在正文的英语注音为"nameru"。"嘴唇接触"（lip connecting）的日语为"セップン"，其在正文的英语注音为"seppum"。"接吻"（kiss）的日语为"キス-する"，其英语注音为"kisu-suru"。——译者

我会说不，绝对不是！因为它并未对功能性问题进行任何描述。打个比方，基因 XYZ 的编码并没有清楚地说明，XYZ 是一个蛋白质序列，能够让脑内突触发挥作用，让睾丸产生精子，让胰腺细胞分泌胰岛素，等等。这就好比有这样一本书，书里没有清楚写明 X 是国王、Y 是大主教、Z 是坏人等。更糟的是，读了这本"书"以后，我们居然还是不知道国王和大主教的关系为何。这些至关重要的相互作用并不在基因语言能够说明的范围之内。

硅　人　归　来

让我再来讲述一个虚构的科幻实验故事。

我们在前面章节曾经说过，硅人是在以硅代碳的世界里演化而成、具有智能的物种。他们掌握了快速太空旅行的先进技术，并发现了行星地球。但所面临的严重问题是，他们无法在地球上生存，因为地球上的环境对于硅人这种生命形式极其有害。更糟的是，他们也无法将人或者地球上的其他生物带入他们的宇宙飞船，因为他们所需的生存环境对于地球生命而言，同样不利。

但是，硅人们从其自身的演化过程知道，地球上的生命一定也有与硅人密码相当的遗传密码。他们已经搞清楚，硅人的遗传密码是印记在一些稳定的化学序列当中。这些编码分子无须呼吸，因而也不需要"硅气"（siligen，对硅人而言，这是一种相当于氧气的等效气体），等等。

于是，硅人们设想，可以将机器人送到地球表面，来设法提取地球生命的遗传密码。好吧！我们就将这种密码称作 DNA 吧。硅人的推想是正确的，因此他们也非常高兴。他们发现，地球人的 DNA 在化学上也是稳定的，因而可以带入他们的宇宙飞船，对其序列进行分析和解读。他们开始工作，并很快就解读成功一个地球人的全部 DNA 序列。

我们再假设，他们也具有这样的直觉，即这个稳定的分子序列还能够编码生成另一种序列，即具有高度反应性的蛋白质序列。于是，在搞清楚整个编码的意义（即 DNA 序列与氨基酸的对应关系）后，他们开始对约 100 000 或更多种的蛋白质一一进行测定，并准备制造一个人。

但是，硅人的实验却做不下去了。他们的世界毕竟是一个硅的世界，没有水，也没有脂质。根据其所在世界的情况进行类推，他们猜测一定还要有这类东西才行。他们试着从 DNA 密码中找到发现这类物质的线索。但令他们深感失望的是，什么也没有找到。所有的 DNA 密码都只是关于一种类型的分子，即蛋白质[2]，再无其他信息。硅人们又陷入迷惑不解之中。

于是他们认定，地球上的生命必定是一种非常奇怪的东西：它可能只是由成千上万种蛋白质偶然拼凑而成。也许人类更像是一种汤那样的东西！也许地球生命还处在一种非常原始的状态。打着呵欠，伸着懒腰，硅人们打算继续他们的时光旅行，再到下一个有生命居住的星球去看看。

此时，有一位硅人提出了自己的想法。"嗨，等一下"，他说，"你们也可以说自己'只是'一串硅序列而已。但我们知道，并非如此：我们有思想，我们能生育，等等。显然，除了分子序列之外，生命中还应有更多的东西。"

"我们应该再发送一个机器人，并带上一个隔离密封舱，把地球上我们知道的所有奇怪的东西（如水、空气、脂质等）都装进去。我们在隔离舱中对其进行培养，再看看 DNA 在这种环境中作用，会发生什么情况。"他们确实这么做了，然后又细心观察其变化。在怀疑中，他们看到了细胞如何分裂，又如何再分化形成早期胚胎，以及之后的所有奇妙变化；直到 9 个月后，一个人诞生了。

当然，这里我们已大大简化了整个过程。硅人只是在克隆——没有母体，没有子宫。这是一个名符其实的试管婴儿。即便如此，我们也还要假定，他们曾将至少一个细胞装入舱内，为细胞核 DNA 提供了工作环境。这些都是细节，还未涉及故事的关键。让我们试着自问，硅人对这个非同寻常的实验结果会做何反应？可能他们会像巴黎的厨师一样，感到受骗了。"食谱"并没有说明一切，类似"煎蛋"的事情又发生了！

2　这一简化了的说法不够严格。有些 DNA 编码的 RNA 分子并不编码蛋白质。这些 RNA 分子和大约 100 种不同的蛋白质一起，形成一种称为"核糖体"的细胞机器，用于连接氨基酸以合成蛋白质。我在此处忽略了这一复杂情况，因为所有 DNA 都是先编码 RNA，而其中有些 RNA 被核糖体所用，作为合成蛋白质的模板。

　　这就是问题的关键。机体发育过程所涉及的问题远不止基因组。如果说生命的乐章也有乐谱的话，它不会是基因组，或者，至少基因组不是全部。DNA绝不会在细胞之外的环境中发挥作用。除了DNA，我们每个人还接受了更多的遗传信息。我们继承了来自母亲的卵细胞及其全部细胞器，包括线粒体、核糖体和其他细胞质组分；后者包括那些进入细胞核启动DNA转录的蛋白质。这些蛋白质是，或者至少在开始的时候是，由母亲的基因编码的。正如Brenner所说，"细胞，而不是基因组，才是能够理解生命的层次"。

　　还须一提的是，我们也从世界继承了许多。水、脂质和其他许多分子的独特化学属性，如结构和化学性质，都不是由DNA编码，而是来自这个世界。但在我们这个时代，最主要的生物学信条却是，遗传只能通过DNA进行！这个非同寻常的观念何以会得到如此强有力的支持？如果打破这个信条又会怎样？这些都是我们必须要面对的问题。

4　乐队指挥：向下的因果关系

> 生物机体并非按照一套指令就能简单地制造出来。这里，很难将指令与执行指令的过程分开，也很难将计划与执行区分开来。
>
> Coen，1999

基因组是怎样发挥作用的？

谁来演奏这个拥有 30 000 根音管的管风琴？有这样的管风琴演奏者吗？如果有，他又是怎样的一位演奏者呢？

演奏时，管风琴演奏者要从总体上以截然不同的方式操作着各个音管。虽然这些音管的高度通常都会超出演奏者的身高，但在此处仍不妨比喻为，管风琴的演奏者俯视着键盘和踏板，照着乐谱，演奏出不同的曲子。用管风琴演奏一首乐曲，一般需要有很多根音管参与。若乐曲很复杂，有的时候，大部分音管都要发挥作用。演奏者必须使这个庞大的乐器以有序的方式，尽其所能奏出美妙的音乐。但是，这些有序的模式只占所有可能演奏模式中的极小一部分，而其中大部分模式则可能是不悦耳的。

显而易见，这种演奏方式与基因组的作用方式有相似之处。为了完成诸如心脏跳动或者神经功能这类高层次的生理功能，需有大量的基因同时表达。在大脑这样的器官，很可能基因组的 1/3，即约 10 000 个基因会被表达。在其他器官和系统，如心脏和肝脏，可能也涉及类似数量的基因。人类有这么多生理功能，何以"仅仅"只有 20 000～30 000 个基因，实在令人不解。

但实际上，我们的基因是够用的，因为有许多基因会在多个器官和系统被重复使用和表达。还有许多基因，在身体所有的器官和系统都可进行表达。再者，器官和系统的发育形成，是由基因表达的模式，而非一个个单独的基因来进行调控的。

基因组所有的基因都存在于身体每一个细胞的细胞核内；但在不同器官的不同细胞，有很多基因是关闭的；即使那些已经开启的基因，依其所在器官或细胞类型之不同，其蛋白质的生成数量也会有很大差别。同时，在生命的整个过程中，这些器官和系统的基因表达模式也会随之改变。胎儿、婴儿、生长的儿童、喜爱运动的年轻人、忙碌的父母和年迈的祖父母，全都呈现出不同的基因表达模式。

　　生命的音乐就像一部交响乐，有许多不同的乐章。虽然有些旋律会有不同的重复或再现，但这些乐章却是独一无二的。

基因组是一个程序吗？

　　还记得我在第 1 章给出的简单图示（图 1）吗？它表示还原论者关于生命的自下而上的观点。根据这种观点，基因组支配着所有其他层次。当然，在某些局限的情况下，这可能是成立的。但对于理解我们目前所面对的全部复杂性问题，它只会带来更大的困难。

　　仅从一个完全自下而上的角度来看，基因组似乎是其他所有层次的支配者。有些人其实已将基因组看作是生命的秘诀，好像它就是一组指令，可使一切都能按照正确的顺序发生。如果是这样的话，在基因组中就应该有一个关于生物机体可能形状的"代表"。这个"代表"也可能很难被读出；但它理应存在，并被编码于一个程序之中，随后再慢慢地展现出来。

　　在某种意义上，这与其说是对生物数据的一种解释，还不如说是反映了关于生物机体发育预先存在假设的观点。在生物科学中，这些假设已有一段历史。例如，早期的生物学家就曾设想，在生殖细胞里一定会有成年机体的微型体存在。无论这个程序是一个真实的图谱（微型化的机体），还是需要进一步解释的图谱编码版，其基本的思想都是一致的。按照这种观点，新诞生的机体都必定是来自某种事先设计好的最小形体。

　　当然，持这种观点的人，也承认环境的影响。不过，这种影响在本质上被看作是对生物个体遗传结构中固有过程的一种微调。这种思考方式往往会导致一些离奇的结果。人们总是试图确定，自然和养育的影响各占多少比例。比方说，假设我们的存在和所为中，有 60% 甚至 90% 是由基因造成的；那么，似乎就可以说，我们的机体总地来说是由遗传决定的。是这样吗？

当然，一只蜘蛛或一只蚂蚁的行为变化，要比一只猴子或者一个人简单得多。因此，我们可以说，这种差别主要是由遗传所决定的。但这是否意味着，遗传决定的程度可以是从 0 直到 100％的整个线性范围？当然不是！没有基因，我们什么都不是；但同样地，只有基因，我们也什么都不是。[1]

此外，作为基因的产物，蛋白质又形成生物化学网络，其相互作用也是高度非线性的。因此，很难在线性尺度上对所有这些数字进行解释。此处我们要解决的并不是像 2＋2 一定会等于 4 这类的相互作用。这里，2＋2 不仅可能等于 5，还可能等于 105！

即使我们采用一种多维的尺度，比如，一维表示高度，一维表示体重，其他分别表示智商、肤色、毛质或发质、性别等，也无法克服这种困难。这样想的人就像前面故事里的皇帝，都采用了线性思维方式，这显然是错的。但是，一个人一旦接受了还原论的基本解释框架，这种错误似乎就不可避免。这不仅是有时会把数字搞错的问题，而且会带来更大的错误。我们需要非常认真地去思考这个观点，即在某些方面，基因组相当于一个电脑程序。

基因组在生活机体中所扮演的角色就像程序在电脑中一样，这种观点有道理吗？难道自然界必须要这样做，才能得出我们所看到的结果吗？对于大自然而言，若采用作曲家那样的工作方式，是否会更加容易：只需要写下足够的信息（素材），让胜任的音乐家能够去再创造和诠释乐曲，而剩下的则任其自由发挥。这样一来，每一代需要传给下一代的数据量就可大为减少。就好像一份乐谱并非音乐的全部，也非整个音乐的缩微图；对于生物机体，我们也不再需要它的完整图谱。我们所需要的仅仅是一个数据库，能够在适当的环境里，从中提取所需要的信息。

---

1 这些百分比的意义是很有限的，其主要意义在于，我们可以理智地确定在某些特征或行为的变异性中，有多少是由于种群遗传变异所引起的。这类研究中，大部分工作之目的即在于此。这里，我的批评主要是针对某些人，他们仅由变异性度量的结果就轻易地得出有关遗传决定程度的结论。

　　当然，这种方法只适用于基因组的"演奏者"足以胜任的情况。那么，这个"演奏者"，即细胞基因组的读取装置（reading facility），究竟是否够格呢？答案应是绝对胜任！毕竟，就其自身而言，基因是无生命的。只有在包含来自母体遗传的所有蛋白质、脂质及其他细胞器的受精卵细胞中，才能读取基因组以启动发育的过程。在这个机器中，至少涉及 100 种不同的蛋白质；如无这些蛋白质的参与，基因组就不会进行表达。因此，即使在一个新的机体生命的最开始所发生的一切，都要较还原论者自下而上模型所设想的复杂得多。图 1 所示的更高层次的活动应当可触发和影响较低层次的活动。因此，我们可称其为"向下的因果关系"。这就是蛋白质和细胞机器怎样发动和控制转录，以及转录后修饰的过程。这也表明了，是什么正在"演奏着"基因。

　　任何一个调节运转良好的生物系统都离不开反馈控制。一个基因的表达（这里使用了易产生误导的术语）显然要涉及多个层次的系统整体活动。这个结论虽显而易见，却非同寻常，值得我们反复指出。

　　即使在一个新的机体生命的最开始，"向下的因果关系"就已经存在，较高的层次可以引起和影响低层次的活动（参见图 1）。与那种认为生命始于父母遗传和分离出的一串基因的观点相反，事实上，从生命的开始，我们的基因就要受到环境，当然也包括母体整个系统的影响。

基因表达的调控

　　让我们看一个向下因果关系的实例。在体内，神经和肌肉都通过传导电信号进行工作。像所有的细胞那样，神经和肌肉细胞的周边也都包有一层细胞膜。在任何时刻，细胞膜上都有一个特定的跨膜电位。要使神经或肌肉进入活动状态，就必须改变这个电位。为了触发这种电位变化，则要有跨细胞膜的电荷移动。由于离子是电荷的携带者，故离子的流动必然伴有电荷的移动。而这种离子流动又必须要沿着某种通道进行。现已搞清：离子通道就是一种蛋白质分子；对于每一种通道蛋白质，需要至少一个基因对其进行编码。

　　在上述过程中，经常涉及的一种离子就是带正电荷的钠离子，由氯化钠生成。相应的蛋白质即被称为"钠离子通道"。跨膜电位变化的速率则取决于局部通道蛋白质的数量。钠离子通道被表达得越多，电位的变化也就越快。所产生的较大电流也会使兴奋波以较快的速度沿着神经或肌纤维传播。

我们知道，神经的一个功能就是极其快速地传递信号。那么，是否只要转录机器充分运转，就会有尽可能多的蛋白质通道被表达？事实并非如此。

大约 50 年前，Alan Hodgkin 曾对神经传导的方程式进行过研究。他发现：当一条神经的钠通道密度增大，则在一定范围内，电脉冲的传导速度也会随之加快；但到达一定的拐点后，再增加钠通道蛋白的数量，反而会使传导的速度下降。因此，能够使神经在最佳传导速率上发挥功能的最好方式是：使钠通道的表达速率维持稳定，并处于其最优水平。实际情形也正是如此。

当系统因钠通道过多而开始受阻时，通道的表达就会减少。所以在较高的系统层次上发生的事情会引起较低的基因层次的行为发生改变。神经科学家称此为"电转录耦合"（electro-transcription coupling）。它是一种自上而下，而非自下而上的因果关系形式，适用于神经系统所表达的全部基因。

改变神经兴奋或突触传递的频率，基因的表达水平也会相应改变。神经细胞将这一变化反馈到其细胞核内，进一步控制核内基因的行为（Deisseroth *et al.*，2003）。这是一个持续进行的过程。管风琴演奏者从未停止演奏！生命之乐与生命共存！

同样的情况也会发生在其他器官，心脏的重塑（remodeling）过程即是一个例子。运动员的心脏，或另一个极端——心力衰竭患者心脏的基因表达模式，与健康人的平均表达模式均有所不同。引人注意的是，这一重塑过程所涉及的基因数量非常之多。仅凭某一个基因，或者少数基因的表达变化，都不足以确定是否符合运动员心脏的表达模式。但是，我们可以选取少量的基因作为标记，对其进行检测，来区分不同类型的心脏。这有点儿像，我们可以根据音乐开头的几个小节来识别整个交响乐。比如，只听前四个音符，我们就能知道演奏的是贝多芬第五交响曲，但交响曲本身要远远多于这前四个音符！

向下因果关系有多种形式

在基因表达水平上，母亲可传递给胎儿许多不利或者有利的影响。多年以后，这些影响可能对其成年后的健康和疾病模式有着决定性的意义。这些被称为"母体效应"（maternal effect）的影响甚至能延续好几代。所以，基因组本身并未携带母亲传递给后代的所有信息。也就是说，一些后天获得的特性可以遗传给下一代或下两代。这种形式的遗传并不属于新达尔文学说；反之，它与被视为戒律的"拉马克主义"很相近。[2] 严格地讲，按照标准的生物学信条，这类事情是不可能发生的。

目前，已有大量研究正在探讨这类效应（Jablonka and Lamb，2005；Colvis *et al.*，2005；McMillen and Robinson，2005）。我们正处在一个也许会很长但却令人激动不已的发现过程的起点。虽然通过母方以多种方式，以及父方由生殖细胞系所传递的这些信息，在个体发育过程中都具有能引起特征变化的效应（见第 7 章），但是，它们怎样被传递给后代的情况却显然不同。自然选择也可对它们产生作用，因为，不论是源自双亲以及（或者）来自环境的基因标记模式（pattern of gene marking）都可以被选择。不过现在就来谈论一种新形式的"拉马克主义"是否会不知不觉地回到生物学的主流思想之中，似还为时过早。

在雄性生育（male fertility）大鼠中，一些表观遗传效应至少可以传递四代（Anway *et al.*，2005）。然而，我们曾经固执地认为，自然界中遗传特征的传递机制仅仅只有一种。显然，今后我们应该更加慎重。DNA 并非以一种不带任何掺杂的"纯粹"的形式出现。它必须和一个完整的卵细胞一起才能被遗传。所以，任何能够影响卵细胞和（或）早期胚胎的环境或者母体效应，理论上都可能在基因组留下自己的印记，或者，甚至可能与基因组一起并行地传下去。

因此，参与早期发育的基因-蛋白质网络，还要受到进入卵细胞的

2　基于我将在第 7 章陈述的原因，此处对"拉马克主义"加用了引号。该词适用于这里提到的现象，但从历史的角度来看，这是不正确的（参见第 84 页和第 85 页有关内容）。——译者

母体蛋白（由几种母体的基因编码）的"调控"（Coen，1999；Dover，2000）。

其实还有一种我们可能已经熟悉的并行传递形式。细胞的能量工厂是线粒体，通常认为它们源自被细胞"捕获"的细菌样的机体；或者，也可以认为是它们"侵入"了细胞。然后，细胞和侵入的线粒体开始互利合作。由于线粒体源自此前独立的生命形式，因此，它们也有自己的DNA。于是就会有线粒体 DNA 的遗传，而这种遗传与细胞核内的基因组无关。在卵细胞的其他蛋白质机制中，很可能也有类似的情形。

在一些低等动物也已发现有这种效应存在。例如，水蚤（*Daphnia*）基因表达的改变可以通过卵细胞传递；又如，在纤毛类原生动物，其纤毛模式的遗传可不经过 DNA 而传递（Maynard Smith，1998）。我们将在第 7 章继续讨论这一问题。

向下因果关系的其他形式

向下的因果关系并非仅仅局限于对基因表达施加影响和通过卵细胞传递影响；如图 1 所示的任何高层次，都可能对任何低层次的活动施加影响。机体的细胞和器官产生许多不同的信使来传递这些影响。这些信使都是一些小分子。用于长距离通讯的信使，通过血液的流动来传送，称为激素；用于相邻细胞间短距离通讯的信使称为递质。两种情况下，它们都是通过与细胞表面称为受体的蛋白质相结合，对其他细胞产生作用。

以这种方式，循环血液中的激素就可以通过对细胞表面受体的作用，引起细胞内的一系列化学反应，从而影响细胞内部的事件。产生这些激素的器官称为内分泌腺。由于激素与受体之间的关系就像钥匙和锁那样，因此，它们可对其他器官的特定细胞产生靶向作用。只有专用的钥匙（激素）才能打开特定的锁（受体），激素只能与对应的受体相结合。一旦发生，就会在细胞内部触发一系列事件的连锁反应，引起细胞功能的改变。

采用这类方式的实例还有：卵细胞被激发离开卵巢，运动时心脏会跳得更快，乳腺被触发开始分泌乳汁，糖类在细胞内贮存，……；可以列出的内分泌功能还有很多。生物学家将完成这整套功能的系统称为内分泌系统。

　　神经系统常利用递质来影响所有低层次的活动。因为神经末梢与相连接器官之间的距离非常短，故利用递质进行通讯要比用内分泌控制快得多。采用这类方式的实例有，神经系统可迅速引起肌肉收缩或者心跳加快。

　　由此可见，图1还很不完整。为了弥补这个缺陷，这里又给出了图2。图中，指向下方的大箭头代表向下因果关系中的一些形式。应该说，向下的因果关系并不神秘。它也遵循着一般的规则，如一个事件会导致另一个事件，而这个事件又会导致下一个事件，依此类推。向上的（还原论的）因果关系并不比它更加严格，也不见得比它更具有科学性。我们可以对这两种因果关系都进行量化研究。只不过，用数学方程对任何一种关系进行描述都绝非易事。

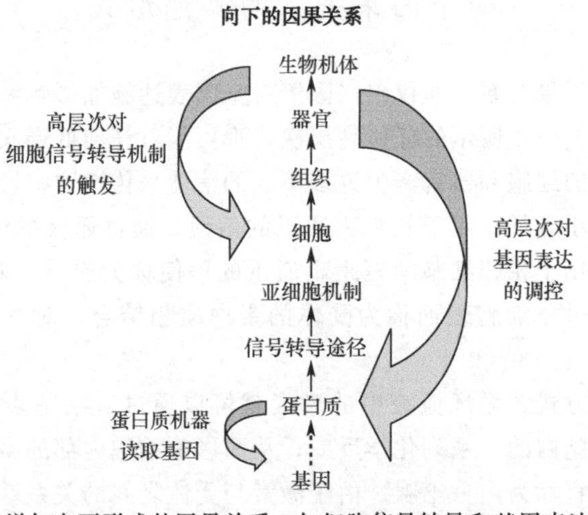

向下的因果关系

图2　通过增加向下形式的因果关系，如细胞信号转导和基因表达的高层次触发，使图1变得更加完整。由蛋白质指向基因的向下箭头表示，是蛋白质机器在读取和解释基因编码。在生物机体的所有层次之间，都可以建立向下与向上因果关系间的相互作用环路

　　事实上，在向下的因果关系中，并没有什么特别新的东西。复杂的系统往往都会利用反馈效应进行自我调节，即通过高层次（系统）参数

对低层次各组成部分施加影响的过程来进行调节。

生命的程序在哪里？

我们从前几章已经了解到，基因组有时会被描述为一个程序，用于控制生物体内所有其他生物过程的产生和行为。但事实并非如此。这种描述只不过是一个比喻，并不具有实际的意义和帮助。本章之主要目的就是要使我们从这种观点中摆脱出来。所以，我们才把注意力集中在细胞机器（蛋白质、膜性结构、细胞器）上，这些对于基因转录和所产生蛋白质的随后修饰而言都是非常必要的。我们还进一步把基因组比作需要人去演奏的管风琴，以帮助我们开始在头脑中建立生物功能的画面。

到目前为止，讨论还算顺利。但大家可能还会有这样的想法：是的，基因组的确不是一个程序；但并不是说，就没有这样的程序存在。我们应该在其他部位再去找找，也许它就隐藏在细胞机器之中。

但时间终于纠正了这种想法。不仅基因组不是一个程序，身体的细胞、器官和系统也都不是。我所用的管风琴演奏者比喻也有其局限性，而这就是其中之一。

科学家也和其他人一样，都喜欢简洁和明确的模式。但大自然却不是这样，而是充满了混乱。这不足为奇。自然选择是一个很长而且偶然的过程。此过程的基本驱动力也一直是随机的——包括基因突变和遗传漂变、气候，以及流星和地质事件。那么，为什么这个选择的后果又非要与我们关于如何建立成功生命系统的逻辑观点相符呢？

实际上，工程技术上的"错误"也随处可见。例如，哺乳动物眼球的视网膜就被安排在过于朝后的位置，以致光线必须先要穿过缠绕在一起的神经元，才能到达光感受器。又如，神经、血管及导管在全身的分布和走行路径也都复杂无比。如果仅从它们自身而言，很难理解其意义。只有联系进化历史中的偶然性，这些现象才可能被理解。大自然常常会走进死胡同，但却又会带着非同寻常的结果从中逃出。

如果所有的组成部分都是被精心编排好的，那么生命系统就不会是现在这个样子。因此，每当我们谈论基因组的"演奏者"时，我们必须要承认，没有哪一组分子会被赋予特权而凌驾于其他之上。大自然总是要充分利用手中的一切资源。这也表明，有点儿像"管风琴演奏者"那样的调节模式，究竟是如何演化的。

蛋白质、基因、膜性结构、细胞器等的控制网络都聚集在一起，紧密交织，浑然一体，持续运行。

比如说，基因本身就可以是调节网络的一个部分，参与基因表达水平的调控。第5章将给出这类网络的实例。需要再次强调的是，只有高阶系统符合特定的、生物机体存活的成功逻辑，系统的各个组分才可能存活。但是，这并不意味着每个组分都是以理想的或者最优的方式，按照这个逻辑运行。的确，系统（"管风琴演奏者"）还必须要能适应低层次的各种古怪难料之处，才能存活下去。

系统整个逻辑的运行方式，可能与程序在计算机上的运行过程非常相似；但这并不是说，这个程序就真的存在。如果非要用计算机进行类比，我们可以说，这个调节过程只用硬件就能实现，并不需要软件。而这个说法也恰恰指出了计算机模型的局限性。按此思路，我们可尝试将软件程序与程序所控制的硬件区分开来。但在生命系统中似乎就没有这样的区分。然而为什么非要有这种区分呢？对自然界而言，如果不需要，就没有任何必要去开发专门的软件。

著名的植物遗传学家 Enrico Coen 说得非常好。他说："生物机体并非按照一套指令就能简单地制造出来。这里，很难将指令与执行指令的过程分开，也很难将计划与执行区分开来"（Coen，1999）。Richard Dawkins 也曾表达过类似的想法，他写道：

"如果一台计算机能像人类那样，做一些聪明伶俐的事，比如下象棋，而我们又很想知道它是怎样做到的时候，我们并不需要再从晶体管谈起，这些都已确立无疑……。我们所需要的是，对这种行为的软件解释和说明。我并不是说，动物必定是像计算机那样地工作。这两者可能是非常不同的。但是，既然这种最低层次的解释都不完全适用于计算机，就更不用说动物了。动物和计算机都非常复杂，只有软件层次的解释才能对两者做出更好的说明。"（Dawkins，1976）

这段话完美地表达了我在本书中极力推崇的、生物学解释的多层次本质。更加有意义的是，这篇文章与《自私的基因》在同一年发表。

因此，"管风琴演奏者"应当包括从最高到最低、所有层次相互作用的调节网络，当然也包括基因自身所在的网络。没有哪个部分享有特权，能指示其他部分该做什么。这倒更像是一种民主的形式，所有层次的每一个成分都有机会成为调节网络的一个部分。用于协调的手并不太像是"演奏者的"，而更像是"指挥者的"。我们甚至可以想象有一个"虚拟的指挥者"：系统的行为提示，它"仿佛"有这么一位指挥者；而基因的行为则提示，它们"仿佛"正在被这个指挥者"演奏着"。整个过程更像一些没有专门乐队指挥的管弦乐团在演奏。

如果我们确实想要与计算机进行类比，则我们不妨想象如下：假设有这样一台计算机，已被编程设置好，去执行某些操作。但当程序丢失后，整个机器的功能只能通过本身的硬件来实现。因此，它表现得就像一台正在运行着一个程序的机器，但实际上它并没有运行程序。然而，对于生命系统而言，就没有，从来也未曾有过，这样的程序。也许我们可以把进化史看作一个程序（见第 8 章），一个广义的、被扩展了的程序。

总之，我希望通过本章，能够对"基因为一切编程"的观点，提出一个强而有力的反驳。为此，我们使用了一些不同寻常的比喻，以帮助大家理解。当然，所有的比喻都有一定的局限性。它们就像帮助理解的梯子，读者一旦攀登过去，就可将其丢弃。

5 节律：心跳和其他节律

我认为，计算机的世界市场可能只有五台。

Thomas Watson (1874—1956)，IBM 董事长，1943

生物学计算之始

现今计算机的世界市场已达数十亿台。事后看来，Thomas Watson 当时的预言似乎非常可笑。我则不然。我亲身经历了他所指的那类计算机。甚至在 16 年以后，即 1959 年，计算机的数量仍然非常稀少。那时，由大量真空管组装成的庞大计算机不但占用了大学或工厂地下室的大量空间，且其功耗也很大。而在战后的不列颠，功率已成为限制其使用的因素之一。.

整个伦敦大学只有一台这样的机器，被称为"水星号"（Mercury）。它就像一座尊神那样，被早期的科学计算泰斗们小心翼翼地守护着。机器的每一秒钟机时都极其珍贵，根本不可能用于像文字处理那样简单而微不足道的问题。只有那些具有重大意义且涉及大量数值运算的问题，才值得用它去处理。

除了计算机科学家外，一些粒子物理学家、晶体学家和数值分析专家也曾使用过水星号。他们不但通晓所涉及的数学问题，并且全都学会了怎样用打孔纸带编写计算机程序。他们使用机器语言，有时还借助于一个后来演变为最早的计算机语言的机器语言改进版，用于对付机器码中无穷无尽的 0 和 1。

那时，我还是一位年轻的生理学工作者，不仅尚未取得博士学位，而且数学专业的能力也很有限。我曾前往这个功耗大神所在的 Bloomsbury 地下室，打算申请一些机时以进行我的科学计算。但我却被拒之门外。

我的一位教授曾建议我，最好是带着自己的问题前往剑桥去请教 Andrew Huxley。他同 Alan Hodgkin 合作，解决了神经电活动的计算问题。后来在 1963 年，他们二人还曾因为此项成就而获得诺贝尔奖。Andrew Huxley 用的是剑桥的另一台称作 EDSAC 的最早期计算机。那时的我，就像一个小学生那样前去求教，还带着一小袋最心爱的"糖果"——我自己得到的、有关心脏电活动的第一批实验结果。但我所奉上的想法虽有其独到之处，却并不怎么具有吸引力。

更糟的是，当时的大多数生物学家都被认为是对数学一窍不通，我为什么却偏要去申请计算机机时，进行数学建模工作呢？整个大学都没有第二位生物学家胆敢这样去做。再者，我的任何想法也很难获得支持，因为我的数学成绩从未达到 A 级，更别说学位啦！

重建心脏节律：最初的尝试

开始从事生理学研究工作时，我曾经是一名十足的还原论者。当时，我正在研究可兴奋细胞的离子通道问题。一个神经细胞或者神经元，就是一个典型的可兴奋细胞。它可以传输电脉冲，这也是兴奋性的特征之一。大家都知道，离子在这个过程中发挥着关键作用。

兴奋过程始于细胞膜。它包括两层松散连接在一起的脂质层及其间的间隙。磷脂分子的一端是疏水的，而另一端则是亲水的。细胞的内部含量最多的成分是水，细胞生活的环境也是如此。故在细胞膜内侧，脂质的亲水端指向细胞内；而位于膜外层的脂质的亲水端则朝向细胞外。双脂质层之间的间隙虽不含水，但却是一个动态的液态环境。在脂质结构中还镶嵌有蛋白质分子。正是借助这些蛋白质，一些跨细胞膜的相互作用才得以发生。这些蛋白质中，有的从膜的两侧伸出。每一端皆有不同的分子结构。有一些结构可以阻挡，而另一些结构则可促进离子通过蛋白质的分子结构。一旦进入，离子将沿着这个分子结构前行，由另一侧穿出。请不要忘记，离子是携带电荷的。正是以这种方式，电流才得以跨过神经细胞的膜，进而引起一个电脉冲的发放。这就是刺激何以能引起神经或者肌肉，发生兴奋的奥秘所在。.

且说，1958 年我被分派到 Otto Hutter（后为英国格拉斯哥大学的皇家钦定讲座教授）的门下做一名研究生。那时，Otto 与德国生理学家 Wolfgang Trautwein 刚刚完成了一项令人由衷钦佩的实验，揭示了神经活动如何作用于心脏的起搏点（即每次心跳起源的部位）的细胞，而使心脏节律缓慢下来。

不同的通道蛋白质吸引不同的离子并便于其通过。有鉴于此，我们开始研究钾离子及其相关的、被称作"钾通道"的蛋白质。Otto 安排我去研究钾通道对于电变化如何反应。当时，分子生物学才刚刚起步，还原论者所能想到的仅此而已。当然，现在我们已经知道，这些通道都是由蛋白质形成的，而且大多数蛋白质的基因编码已基本搞清楚。

Otto 和我取得了重要的初步成功。那时，Hodgkin 和 Huxley 在神经冲动传导方面的研究工作已经阐明，在每一个神经冲动期间，钾通道都是开放的。以此为基础，我们设想，在心肌细胞也可能会有这类通道存在。我们的实验结果表明确实如此。而且我们还发现，在心肌细胞，它们要慢得多。这也在预料之中。因为，在神经细胞，一个电脉冲仅历时千分之几秒；而在心肌，一个冲动的持续时间则为其几百倍——可接近 1 秒。人的心率约为每分钟 60 跳，故有大约一整秒的时间使冲动发生，并能在下一次心跳之前恢复。

接着，最大的惊喜终于出现。我们发现，与预期相反，在每一次心跳期间，有一些钾通道却都很快就关闭。从事实验科学的乐趣即在于此。一个新事物的出现会使你情不自禁，真想立即冲出去向全世界宣告。

但且慢，实验中是否还会有某些错误？虽然我们认为这不太可能，但我们还是很细心。因为每当报道一项不同寻常的发现时，一定要想到评审者非常严格的审查。于是，我们又进行了明确的对照实验，以排除某些可能存在的问题。再者，Bernard Katz 也在身体其他类型的肌肉中发现了类似的通道。因此，心脏也并非体内发现这种通道的唯一器官。由于在神经-肌肉传递方面的贡献，Bernard Katz 后来也成为一名诺贝尔奖得主。

后来，我们终于想通，这样一个过程很可能是一种有效节能机制的一个组成部分。它与离子的浓度梯度有关。如果某一类离子，其在神经或肌肉细胞外的数量较在细胞内者为多，则它们将向内移动；反之亦然。也就是说，离子是沿着其电化学梯度扩散的：既可能由细胞内向外扩散（如钾离子），又可能从细胞外向内扩散（如钠离子）。

让我们再来考虑一下心肌的情况。心脏每次跳动时，都会有一个强的电脉冲通过这些心肌细胞。也就是说，有大量不同的带电离子，通过各自的蛋白质通道，向心肌细胞内侧或外侧流动。至此，我们只是介绍了其有利的一面，但还应注意其所带来的问题。如果发生移动的离子数量过多，则在下一次心跳之前，就必须做更多的功，才能将这些离子再推回去，以恢复原先的离子浓度梯度。

可见，那些显然异常的钾通道在每次心跳期间的关闭是有意义的。它有助于离子浓度梯度的保持，从而可有效地节约能量消耗。其效果也是非常可观的。由于在每次心跳期间，离子的运动都已大量减少，所以恢复这些运动所需的总能量也大为减少。心脏即以此种节能的方式维持其节律活动。能量需要大约相差 10 倍。

这是我第一次遇到整合性的系统生物学问题。较高层次生物学过程的总体逻辑关系，以及它对于理解较低层次的工作和演化的意义，开始引起我的注意。我还想到，这类效应可能在许多层次上都会发生。此外，除了其在节能机制方面的意义外，这两种钾通道的行为模式还与心肌其他已知离子通道的活动相互配合，共同参与节律性活动的发生机制。

用实验去探索自然现实，使我逐步萌发了一种新的思维方式。在当时，我尚不能充分预见或者理解，为何在 40 年以后，这种思维方式竟会变得如此重要。相反，我那时一心只想摘取心脏生理的一个果实：心脏起搏节律的发生机制。突然间，它似乎已触手可及。

我的想法是，由各种离子通道的复杂行为来解释这种节律。此前，其他人已提出过类似的思路，故一般说来，理论本身并无新意。但实验数据是新获得的；特别是，我们能否拿到足够的数据，通过量化研究来发展这一学说？这就需要进行数学分析并建立数学模型，这种可能性已引起我浓厚的兴趣。

作为一名学生，我对 Hodgkin 和 Huxley 的研究工作已到入迷程度。就在几年前，他们完成了对神经冲动传导的建模工作。他们的论文长达 44 页，充满数学内容，是一项具有里程碑意义的成就。作为一名大学生，我虽然尚不能充分理解，但印象却极为深刻。这也是如何使生物科学能像物理科学那样，成为定量科学的一个范例。

我听说，Andrew Huxley 曾费时六个月，用一台被称作 Brunsviga、嘎吱作响的德国手工计算器进行了计算。对于心脏，是否也可以进行类似的工作？以这种方式是否可以重建心脏起搏点细胞的节律？我手边甚至也有一台 Brunsviga 可用。

但如果用一台 Brunsviga 计算器去计算一个持续千分几秒的神经活动，就需要几个月的时间，那么，要计算一个持续一秒钟的心脏活动，将需要多久的时间？显而易见，我需要电子计算机的帮助。对于一位需提交学位论文的博士研究生来说，需要费时几年的计算在选题上显然是不妥的。

于是，我就带着我的实验数据和少量的、手工计算的可行性结果，去见水星号计算机的守护者们。我小心翼翼地、用非常幼稚的数学术语，解释着我希望达到的目的。我想，只要将我的数据拟和在一些非线性的表达式中，就可以求解有关心肌细胞电学状态的微分方程。这样，我就立即能从计算机的输出中，看到有振荡节律出现。

一个简单的问题打断了我："Noble 先生，在你的诸多方程式中，振荡子在哪儿？你可曾设想有什么在驱动着节律？"

我无言以对，不知道该怎样回答。

我在一张纸上画出了自己设想的生理相互作用略图。这只能表明我那时在数学上还很幼稚。在我的方程式中，并没有一个有关振荡器的函数。30 年后，经历了对心脏节律的多次数学建模以后，一份全国性报纸的科学通讯记者又向我提出了几乎同样的问题。那时，我已心中有数：**愚蠢的问题！**（当然，对记者我没有这样直言不讳！）

然而，这个问题看来又似乎很有道理。在一个振荡系统中，似乎总会有一个特定的部件发生振荡，继而将整个系统带动起来；所以，也必然会有一个数学函数，用来描述该部件的振荡方式。事实上，对于人造的机械系统而言，这的确是一个非常必要的问题。但我们所讨论的却并非这样的系统。我们所面对的，是一个的确不含特定"振荡器"组件，而又能节律性运转的系统。这种节律正是由于多种蛋白质通道机制相互作用而产生的一种整合性活动。

所以，在分子水平并不需要任何有关振荡的方程式。这种节律是系统固有的属性。有些生物学家称这类性质为"自然发生的"属性，我则更倾向于称其为"系统–层次的"性质，但实际上我们讨论的是同一类现象。不过当我与水星号计算机的守护者们讨论我的研究计划时，即使我早就知道了答案，我还是不能肯定就能说服他们。他们也是坚定的还原论者。如果通过计算果然能得出节律，他们就会假定，必然有一个节律发生器存在；并希望能够看到，至少一个具有正弦波振荡或类似函数的数学方程式。由于我没有给出这样的方程，所以他们也就没有接受我的请求。

但我终于说服了他们。我曾用了一些时间学习为工程学科大学生开设的数学课程。我开始学习一些工程数学，如矩阵运算、微分方程、Bessel 函数、复数，等等。我甚至找到一本手册，并开始学习令人费解的编程语言，以便将我的方程式转换为计算机编码，存于纸带卷上。然后，我又回来，再度叩响地下室的大门。

这次，他们勉强地同意了，给了我一个机会。计算表明，我每天大约需要两个小时的上机时间，而且，只能安排在每天清晨 2 点到 4 点！！

这样一来，我每天的研究工作是从深夜 1 点半钟开始的：先匆忙喝一杯咖啡，再在水星号计算机上工作两个小时；然后，于凌晨 5 点钟，又要去屠宰场取回当日实验要用的羊的心脏。有时实验工作要持续很久，直到又应回到水星号计算机旁编程的时间。这一经历曾使我的昼夜节律完全颠倒。本章最后，我们也会讨论这一类节律的问题。

心脏节律的整合

本章的故事虽然来自我个人的经历，但它却紧扣这本小书的主题。我很走运，Otto Hutter 和我得到了一些出乎意料却非常重要的实验结果。我利用已掌握的数学知识和计算机编程能力，将其汇总在一个模型中。几个月后，我们在 *Nature* 杂志发表了两篇论文。我们的想法得到了验证。

从那时起，我们又曾对这一早期的工作进行过多次改进，使这些细胞水平的模型变得更加复杂。后来，它们又被耦合在一个令人惊叹的心脏全器官解剖模型之中，从而创建了第一个虚拟器官——虚拟心脏。其中，心脏解剖模型由新西兰奥克兰大学的同事们所完成。不过从早期模型中得到的一些认识，总地看来依然是正确的。简言之，它足以阐明，约 50 种蛋白质怎样参与实现心肌细胞节律性活动的情况。这也是自然界如何利用模块化系统的一个很好的例子。

　　基本的节律机制是由一个相对紧密结合在一起的蛋白质网络及其编码基因所形成的。它只能在身体其他部位的许多蛋白质也在活动的情况下才能够工作。但是在这种情况下，我想你也会同意，这个小小模块系统所产生的效果的确非常惊人。

　　让我们再来看看，在这个例子中整合性活动是怎样进行的。这个故事的要点在于，因果关系是双向的：既有自下而上，又有自上而下。各个组分可以改变系统的行为；反过来，系统也可改变各个组分的行为。在此例中，系统就是一个心肌细胞（图3所示为兔心脏的一个起搏细胞的电活动仿真）；各个组分则是可使不同带电离子（首先是钾，其次是钙，以及一些元素的混合物）通过的蛋白质分子。

　　这种节律性行为表现为电压或者电位的波动。随着心脏的跳动，相应肌肉细胞的电压上下起伏。同时通过蛋白质通道的离子流也在起伏。这两种振荡模式之间显然存在一定联系。其过程如下。

　　一方面，蛋白质通道的运转推动着细胞的关键性节律活动。如果没有离子流通过通道，就不会有电压变化产生。这是显然的，也是我们的出发点。但这个故事的关键还在于：细胞的节律性活动反过来又推动着蛋白质通道的运转。关于这一点，可以通过关闭细胞节律对离子通道蛋白的反馈作用来进行验证。如果反馈联系被关闭，则整个系统的功能都应当立即陷于停顿。不论在细胞水平还是分子水平，都不应再有任何振荡的迹象。

　　此时，蛋白质通道并未曾受到任何直接干预。如果这一生命现象仅是由于自下而上的因果关系，则不能解释它何以也会停顿下来。若果真能得到验证，则它将清楚表明，自上而下的因果关系，即系统对各个组分的反馈效应，对于保持系统的功能也是必不可少的。

　　然而，要在一个真实的活体心脏关闭上述反馈效应，谈何容易。但我们可以通过建立一个计算机模型来实现。要建这样的模型，首先要确定分离的起搏细胞所发生的变化，测量并深入分析结果。在此基础上，我们编制计算机程序，进行一系列复杂计算，并保证计算的结果与我们的实际测量结果相符合。

　　当细胞电压振荡和细胞产生脉冲时，蛋白质通道的环境也会发生改变，并进而影响其行为。所以，为了使模型能工作起来，我们还必须要建立一些计算模型，以反映细胞环境变化对蛋白质分子的影响。

我们的计算机程序可以将这些计算连同其他反映蛋白质和离子行为的计算一起运行。它得出了正确的结果，表明对活体心脏行为的模型仿真是成功的。稍后，我们改变了程序的运行方式，去掉了那些与反馈效应相关的运算，而令其他计算继续进行。结果，计算机模型所代表的整个系统就会立刻陷于停顿。

图 3 给出了这一结果的图示。最上面的一条曲线表明细胞电压随时

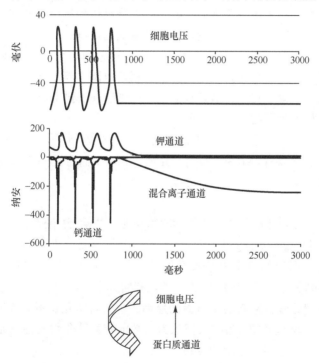

图 3　心脏起搏点节律的计算机模型（Noble and Noble，1984）。在最初的 4 次心搏过程中，模型处于正常运转状态，其所生成的节律与真实的心脏非常相似。然后，将由细胞电压到蛋白质通道的反馈联系阻断。可见所有蛋白质通道电流的振荡均消失，而缓慢地趋于稳态的恒定值。最下方的图解表明所涉及的因果关系。向上的箭头表示，电流流过蛋白质通道可引起细胞电压发生变化；而向下的箭头则表示，细胞电压又可反过来引起蛋白质通道的改变。此模型仿真了向下的箭头被阻断的后果

间的变化过程。下面的三条曲线则表明三种蛋白质通道机制是怎样随时间变化的。它们分别是：一个钾通道，一个钙通道，以及一个混合离子的通道。实际上，模型所涉及的蛋白质种类远不止这些，但如果我将其全都列出，则此图将会变得十分繁杂。横轴所标时间的单位为毫秒（1秒＝1000毫秒）；两个纵轴分别标出电压和电流的刻度，其单位分别是毫伏和纳安。

在第一秒钟（1000毫秒）内，细胞电压和相应蛋白质通道电流的振荡均为4次。在4次振荡之后，通过令细胞电压保持恒定的方法，阻断细胞电压对蛋白质通道的反馈调节。如果细胞电压的变化是由于一种或多种蛋白质通道固有的振荡所驱使，那么这些通道就应该继续自行振荡。但情况却并非如此，蛋白质通道的振荡也随之停了下来，每一条波动的曲线都变得平直。它清楚地表明，从细胞电压到蛋白质通道的反馈联系是节律发生器的一个组成部分。

图3还表明，混合离子通道在电压反馈被阻断前，其作用似乎很小；但在阻断以后，却变得很大。在第8章，我们将进一步讨论这种蛋白质通道。

系统生物学并非伪装的"活力论"

基于还原论的科学常常被看作是"硬"科学，或者"真实的"科学；而整合性的、系统-层次的科学，有时反而被看作是"模糊的"科学。这种偏见部分来自历史方面的原因。生物科学是在不断战胜活力论的年代中成长起来的，当时人们认为，必定有某种非物质性的东西加入到物质之中，才会有生命的存在。

但在本章所讨论的例子中，并没有任何"模糊"之处。相反，这些概念都是按还原论者最严格的解释方式，即以具有特解的数学方程形式来概括表达的。

它也不是伪装的还原论

可能这也正是某些人宣称它是一种伪装的还原论的理由。他们会说，对呀，模拟之所以成功，正是由于知道了所有分子组分的有关性质。由此出发，他们认为，重建就是"自下而上的"；其他也都会随之实现。接着，他们又会继续问，与一个彻底的还原论的解释相比，这两者之间到底有何本质上的区别？比如，有的研究已发现，用于驱动细胞的振荡器是一类分子振荡器，这不也正是水星号计算机的守护者们想在我的方程式中寻找的吗？在本章的最后，读者会看到，确实也有这一类的生物振荡器。

我的答案是：在这一机制中，必须要有一个高层次特性（细胞的电位）决定低层次活动（离子通道）的反馈环节介入。这就是对生物学现象进行整合性解释的独到之处。它涉及自上而下的，所谓"下行性"因果关系（downward causation）。

当然，这里也体现了还原论的成功之处。在这个意义上，还原与整合就像是同一枚硬币上的两个面。但若仅据此而声称，这就是一个还原论的解释，则"还原论"一词将会丧失任何意义。那还不如简单化地说，"科学的"就意味着"还原论的"，因为"还原论"就意味着"科学的"。于是，我们需要创造两个新词，以区分这两种解释：其一是，完全"自下而上"的，指因果关系仅沿着一个方向进行；其二是，也涉及"自上而下"的，指沿着相反方向的因果关系。

在生物科学领域，还原论者和现代整合论者之间存在着一种有趣的不对称现象。一位整合论者在运用严格的系统-层次分析的同时，并不需要，或者希望，去否定成功的还原性探索的威力。事实上，他们恰好可利用这些成就，促进整合的成功。与此相反，许多还原论者，似乎出于某些原因，却要在学术上始终坚持唯我独尊。

问题可能在于，对于一些科学家而言，还原论就像一把保护伞，它能够避免有过多的问题被提出，还可以避免会陷入不确定性的深渊。那么，如果我们不承认还原论路线具有普遍意义，则又将要发生什么变化？有一点是肯定的，生物科学的性质将会发生改变。它应当改变！

这种改变早就应该出现。我们必须接受这个事实，即因果关系和它的解释并非永远是自下而上、由低层次朝向高层次进行的。我们现在就有许多生动的例子表明，因果关系可以是沿着相反方向进行的。系统的影响甚至可以控制最低层次的基因表达过程（见第4章）。如果不承认在所有的层次都需要用整合论的解释去对还原论进行补充，我们怎能取得更大的进展？

心脏的正常节律和心律失常是用来检验这些概念的极好例证。我们已经知道，正常节律的发生器机制是在细胞层次整合的。此外，在细胞水平以上和以下的层次还有异常节律的发生器。如果生物科学要履行其不断增进人类健康的诺言，则此处它就必须采用整合论者的观点。

让我们来考察两种威胁生命的异常节律，即我们称作"心动过速"（心脏的跳动非常快）和"纤维性颤动"（简称"纤颤"，由于心肌不能同步地收缩，使心脏陷入一种震颤状态）的心律失常。这些发生在多细胞层次的病理状态确实是与一些同样引人注目的亚细胞现象相对应的；此时，钙信号系统也陷入振荡模式。怎样才能对这一切做出解释呢？这显然必须要从整个器官的层次上，对电活动进行模拟。要做到这一点，我们的确又需要对所涉及的蛋白质通道机制有深入的了解；但也不能因此就认为，所有这些机制都是"分子的"。如果这样，一些关键性的重要区别，一些关系生命和死亡之间的差别，都将被弄得模糊不清。

纤颤可使患者死亡。如果仅研究基因和蛋白质，我们不可能理解这一点。甚至仅研究细胞，我们也不会理解它。只有研究大量细胞在整个器官层次的相互作用，我们才可能阐明这一现象。

我们当中可能有些人比较喜欢精细的、独立的分子研究，这并没有什么不对。但我们不能因此就赞成那种平庸的观点，认为将时间和金钱投在生物科学其他层次的研究都是毫无意义的。

在结束本节之前，还须指出：为便于读者阅读，我对心脏起搏节律的分析已做了某些简化。事实上它还涉及很多其他过程，特别是过程的微调和系统鲁棒性（稳健性）的保证。在第8章，我们将再次回到鲁棒性问题。

其他生物节律

心脏的节律是生物振荡器中一个最明显的例子。我们全都能感觉到自己脉搏的节律，而医生还要利用它去诊断疾病。它是非常有规律的。伽里略在发现摆的振荡频率取决于其长度的观察过程中，就曾以他自己的脉搏为基准测量时间。在英语中，"beat"这个词既可用于表示心脏的跳动，又可用来表示音乐的节拍。这决不是一种巧合。早期的音乐家们，几乎肯定是以他们自己近似 1 赫兹的心脏跳动频率为基础，再将每次心跳的"节拍"分解为若干个更短的成分，来得到更高频率的节律；而将几次心跳的"节拍"合为一个，即可得到较低的频率。

但在自然界中，还存在有很多不同的节律机制，其频率范围之广令人吃惊，可从每秒钟 1000 次到数年一次。例如，许多神经细胞可产生远高于心率的节律性冲动。因为一个神经冲动的持续时间约为 1 毫秒，故在此例，其最高频率接近每秒 1000 次。昆虫飞行时，其翅膀的振动频率约为每秒钟 200 次，亦高于心率。

较心率稍慢的节律中，最常见的是呼吸的节律，约为每数秒钟一次。其次为饥饿和口渴的节律，每日仅有数次。再慢的节律就是，以近似 24 小时为一个周期的"似昼夜节律"，如睡眠与觉醒等生物活动的节律。此外还有：与月球运行周期相近似的"似月节律"，如人类的排卵；"似年节律"，如动物的迁徙；以及多年性节律，比如，某些种属动物的繁殖和社会行为变化所经历的时期可长达 10 年以上。关于后者，以蝉类为例，其节律即包括一个长达 17 年的时期。

因此，生物节律振荡周期的变化范围可自 1/1000 秒到约 20 年，相差近一万亿倍。

在性质上，所有这些节律与心律之间究竟有何相似之处？各种自然生物节律之间是否存在一种基本的模式？我们是否必须将其一一搞清楚？答案是，它们几乎全都不尽相同。除了需要有延迟性负反馈环路以产生节律外，它们几乎涉及从分子到器官和系统、所有层次的生物学整合。在较高的频率范围，如神经元节律与心脏起搏点节律，其共同特点是：整合发生在细胞层次；而许多由蛋白质形成的、离子通道的动力学特性，又都是由细胞电位来确定的。

呼吸节律更像一些较复杂的心律失常，需要许多外周和中枢的神经细胞参与，组成反馈系统。所以，不妨设想，对于一些更慢的节律，如似昼夜节律、似月节律、似年节律，以及多年性节律，其整合当然会是在细胞水平以上的层次中进行的。

有些情况下，确实如此，这中间有大量的细胞参与。例如，在哺乳类动物的脑部，就有一个被神经科学家称为视交叉上核（SCN）的核团，它是产生似昼夜节律所不可缺少的神经结构。它包括约 200 000 个细胞，与心脏起搏点细胞的数量大体相当。此外，还涉及机体许多不同部位之间神经的、体液的和细胞间的反馈回路。

但在刚刚过去的二三十年期间，对此又提出了令人惊奇的新见解。这一杰出的成就表明，SCN 细胞内部的基本机制是在分子层面完成的。每日基因表达水平节律变化的发生机制涉及特殊的蛋白质和基因组分之间的多个反馈回路。甚至由 SCN 分离出来的单个细胞，其基因表达也显示似昼夜节律变化。

单个细胞竟然带有"分子"钟！乍看起来，对于这样一个重要的生物学现象，我们好像发现了一个可以完全用还原论去解释的例证。确实如此吗？

现今被称之为"*period*"基因的单个基因突变，就足以引起果蝇的昼夜周期发生变化（Konopka and Benzer，1971）。第一个"钟基因"（clock gene）的发现确实具有里程碑的意义；因为，这是第一次确立，一个单独的基因可在高层次的生物节律中发挥如此关键性的调控作用。那么，这是否就意味着不支持本书的基本观点，即基因必须相互协同，才可能产生更高层次的功能？对此问题不妨沿着以下两种思路回答。

第一种思路是，调节的机理通常是非常复杂的。所以，当有一个关键性成分被损坏时，整个机制就很容易发生功能障碍，并可能以不可预测的方式出现。总之，大多数突变可被看作是一种损坏。因此，对于因一个成分的缺失或者畸变，而导致的系统工作失灵，我们的解释必须慎重。就像一个小孩在摆弄一个玩具，并终于将它搞坏时，其最后的动作不一定就是造成损坏的原因。成人的情况就会有所不同：当一台电视机正常工作时，我们不会做什么；当它出现故障时，我们才会摇动一下电视，看可否恢复！如它又能正常，通常即可断定是由于简单的接触不良所致。

在生物学中，一些基因突变和敲除实验就与上述情况有些相像。其结果往往很难解释。但有人会说，果蝇 *period* 基因的情况尚有所不同。这个基因的表达水平肯定是节律发生器的一部分。它们的周期性变化超前于其所编码的蛋白质的变化。

但这里还涉及更多的过程。这种蛋白质与其编码基因之间还形成负反馈回路（Hardin *et al.*，1990）。其间的关系很容易理解。每当 *period* 基因被读取并产生更多的蛋白质时，细胞质内此种蛋白质就会越来越多。于是，蛋白质分子就会扩散入细胞核内，通过与基因序列的启动子部分相结合来抑制其生产。经过一定的时间延迟，蛋白质的生产数量回落，抑制作用被解除，一个完整的周期又随之开始。所以，我们不仅有能够调节生物钟产生似昼夜节律的单个基因，而且，它自身也是节律发生器的负反馈回路中的一个关键性成分。

由于它们都是独立的调节过程，故我们称这类回路为反馈回路。在生物系统中，当下行性与上行性因果关系被连接在一起时，大都涉及反馈。这种连接体现出反馈的特征：因为，下行性因果关系可以改变上行性因果关系关联的许多成分；后者，反过来又可影响那些产生下行性因果关系的成分……，如此反复。建立这类回路的数学模型并不困难，且性能稳健，易于说明。

第二种回答问题的思路则不是那么直接。在这个例子中，基本节律发生器似乎仅仅取决于一个单个基因及其所编码的蛋白质。但它是否能够孤立地工作？它是否为一个"单基因的模块"？答案极其明确——"否！"进一步的深入研究揭示，似昼夜节律的分子反馈实际上还涉及更多的基因和蛋白质成分。

这是通过研究其他动物（如小鼠）的似昼夜节律机理而得出的明确结论。此外，这些节律性机制也并非孤立地进行工作，还必须要有光敏感感受器（包括眼睛）的参与。只有这样，这种节律机制才会被锁定在以 24 小时为一个周期，而非在自由运转状态那样，比如说，以 23 或 25 小时为一个周期。为此，Foster 与 Kreitzman 曾写到："我们所见到的、有如钟表那样的机制，很可能更近似于一种新出现的系统的特性；而所有的基因工具只不过是其微调的部分而已"（Foster and Kreitzman，2004）。

发现一个特定的基因能够被它所编码的蛋白质通过负反馈进行调节，的确令人印象深刻。然而，我们并不能即以此为例，证明有所谓"单个基因的功能"（single gene function）存在。更为重要的一点是：即使 *period* 基因与其所编码的蛋白质之间确实有简单的反馈联系，还是不能认定其为"单个基因的功能"。因其中的推理依据对本书所要传达的信息至关重要，让我再详加论述如下。

首先，如同所有的分子成分那样，*period* 基因编码的蛋白质是在完整细胞的环境中运行的。生产蛋白质需要转录/翻译机制与核糖体机器。蛋白质能否进入 *period* 基因的启动子区域，又取决于细胞核核膜的性质。

不仅基因的运行从未在细胞外部环境进行，蛋白质也是如此。在概念上，将 *period*-蛋白质系统"孤立"出来确有其方便之处。这对将其理解为分子水平的振荡器确实有帮助。但这只是一项人为的概念。在真实的生命系统，只能在许多其他基因和蛋白质均发挥功能的环境中运行。

其次，我们为什么称它为 *period* 基因？因为它能编码一种蛋白质，后者又通过反馈与基因作用，从而产生一个周期性的基因表达变化。是啊，这就是我们所确认的、该基因的第一种功能，也是给它起这个名字的原因。但它是否还会涉及其他功能呢？

请再次注意 Foster 与 Kreitzman 的见解："我们之所以称其为钟基因，是因为它在这个系统中可能具有重要的功能，但它在其他系统可能也发挥一定作用。在没有完全搞清楚所有组分间的相互作用之前，我们就不可能断定，哪些是产生节律的振荡器，哪些是输入部分，哪些是输出部分。总之，事情没那么简单！"（Foster and Kreitzman，2004：120）。

的确不是那么简单！已经发现，在历时数日的果蝇胚胎发育期间，也涉及 *period* 基因的参与。它与雄性果蝇翅膀振动发出求偶信号的编码功能密切相关；而在大约 5000 种果蝇中，此信号各异，以保证只向合适的种属求偶。

果蝇，多情的游吟诗人！生命之乐的确令人惊叹！

因此，*period* 基因更像儿童玩组装玩具时，一个非常有用的乐高积木组件。这也是基因本体论的根本问题之一，也是何以我们更倾向于对基因进行相对中性命名的理由之一。以 *ncx* 作为钠-钙交换基因的名称就是一个很好的例子。它仅表明，该基因在蛋白质水平的功能是，促进钠与钙离子的交换（英文 Na-Ca-exchange 被缩写为 *ncx*）。它并未说明，这种交换在诸如心脏节律或者视觉中究竟起何作用。这种谨慎恰如其分。与此相反，如果我们换个方式为基因命名，比如"钟基因"，我们就可能会被一叶障目，而不知它还有其他功能。

还记得我在第 1 和第 2 章曾经提到过的 *Dscam* 基因吗？我当时并未解释其名称来历，恰好可在此一并解释。它是编码一种被称为"唐氏综合征细胞粘连分子"（Down's Syndrome Cell Adhesion Molecule）的蛋白质的基因。由此可见，最初它被认为在功能上与唐氏综合征（一种先天性智力发育迟钝疾病）的发病有重要联系。现在它又被认为与一个广泛的昆虫免疫系统有关。

在第 8 章，当讨论进化的作用和大自然的模块化特性时，我们将再次涉及诸如基因的再利用和种系之间功能的变异这类问题。

6 交响乐团：身体的器官和系统

> 我认为，那种试图从基因开始，经蛋白质合成，自下而上地搞清全部问题的研究路线，注定要失败。

Sydney Brenner，2001

Novartis 基金会的争论

本章也从我所亲历的一个故事说起吧。

Novartis 基金会是一个颇具特色的机构。Novartis 公司的基地虽在英国，但它原为瑞士巴塞尔的一家企业——Ciba 公司。该公司后来改组为 Ciba-Geigy 公司，最后又与 Sandoz 公司合并，成为现今制药业的巨头——Novartis 公司。[1]该公司设有 Novartis 基金会。它经常邀请少数科学家讨论生物科学重大问题，并于会后整理出版完整的会议录。每当阅读这些会议录时，读者就会有亲临现场聆听热烈讨论的感受。

我曾有幸三次参加这样的会议，讨论有关生物科学根本性质的问题（详见 Novartis 基金会 1998 年、2001 年、2002 年的会议录）。我在本书中所表达的一些想法，有的就是从那些讨论中萌生出来的；还有的则来自参加会议的科学家，Sydney Brenner 就是其中之一。Sydney 是英国最杰出的分子遗传学家之一，曾荣获 2002 年度诺贝尔奖。因其研究工作的层次与我有较大差别，故他关于生物学中不同层次间联系的见解更加令人心悦诚服。

在第一次会议期间，我曾做过一项有趣的调查。我在报告了自己在心脏节律方面的工作（见第 5 章有关内容）之后，曾要求与会者表态这是一项什么类型的研究工作，究竟是还原论的？抑或是整合论的？结果是两种答案都有，约各占 50%！在第二次会议上，我则略加引导，表

I 这些制药公司的中文译名分别为：Novartis，诺华制药公司；Ciba，汽巴制药公司；Ciba-Geigy，汽巴-嘉基制药公司；Sandoz，山德士制药公司。——译者

明依我的观点，何以这应是一个整合性的系统生物学案例。

之所以会出现这一有趣的结果，实与这类争论中一个常用的方式有关。它通常采用两种截然对立的方式，去模拟和了解复杂的生物学过程。其一是自下而上的途径（bottom-up approach）。正如我们所见，它从基因开始，再重建蛋白质的序列、结构和功能，进而又到蛋白质所形成的生物化学途径。这种重建过程可继续向上进行到更高的生物学层次，甚至终于能够到器官或系统的层次，并且希望能包括全部生物机体（图 4）。

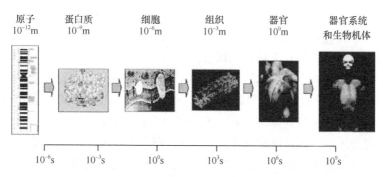

| 原子 10^{-12}m | 蛋白质 10^{-9}m | 细胞 10^{-6}m | 组织 10^{-3}m | 器官 10^{0}m | 器官系统和生物机体 |

10^{-6}s　　10^{-3}s　　10^{0}s　　10^{3}s　　10^{6}s　　10^{9}s

图 4　人体结构不同层次的尺寸和时间尺度。从原子到整个机体，主要结构在尺寸上的跨度为 10^{12}，即从一万亿分之一米到一米左右；主要结构和事件在时间上的跨度为 10^{15}，即从几微秒到几十年（引自 Hunter *et al.*，2002）

另一种方式通常被称为自上而下的途径（top-down approach）（这里的用词与本书先前所用尚略有不同）。这也是经典生理学通常采用的研究路线。它从系统的总体行为开始，分析诸如循环、呼吸、免疫、神经、生殖等各个系统的功能，进而又逐步确定和探索每个系统的各组成单元，借以推断各种功能的基础和机理。

第一种研究路线自有其严重的问题，但第二种也并不能完全避免。

自下而上路线的问题

自下而上的研究路线有两个致命的问题。第一个就是可计算性的问题。

　　不妨以蛋白质的折叠为例。蛋白质分子的三维结构决定了它所具有的生物学功能，而其三维结构又反映了蛋白质的折叠方式。因此，问题就变成了如何重建单个蛋白质分子在折叠过程中所涉及的全部化学反应。看起来这并非一个了不起的大问题——仅涉及一个蛋白质分子和几番折叠而已。然而，若将此项任务交给当今世界上最强大的计算机，比如 IBM 花了 1 亿美元建造的、称为"蓝基因"（Blue Gene）的巨型机来执行，即使其所有的计算能力都用于解决这个问题，大约也需要几个月的时间才能完成！

　　这里所讨论的分子的尺寸约为 1 纳米，即十亿分之一米左右。所涉及的化学反应过程大约在百万分之一秒内可以完成。与之相比，一个细胞的大小通常约为几十微米（即百万分之几米）。

　　如果要对单个细胞的活动进行详尽的分子层次重建，就需要对大约 10^{12} 个这类分子的相互作用进行模拟，而且还需要让这个模拟过程持续不同的时间，从秒到分、小时、天，甚至到很多年，其在时间尺度上的跨度约为 10^{15}。为实现此项模拟，所需计算资源的数量之大也令人难以想象——约需 10^{27} 台"蓝基因"。恐怕整个太阳系也没有足够的原材料可用于建造这些庞然大物。然而，这才仅只是整个问题的开始。请不要忘记，我们的目标是要对体内的组织、器官、系统进行重建。但即使是体内最小的器官，也有数百万个细胞。

　　至此，读者可能已经了解问题的关键，而无须我再赘述。这种研究路线连第一道障碍都无法逾越；其不切合实际之处，已到令人难以置信的地步。

　　但有的人还会说："没关系！无论如何，这在原理上是正确的。人只不过是众多分子的集合而已。[1]即使我们，以及那些有希望的后继者们，无法拥有足够的计算资源去实现它，但从原理上说，这种完全自下而上的重建设想一定是可能的。"

　　这句话又引出了该研究路线的第二个致命问题。我们不妨先同意这个设想，那么，它究竟能说明什么呢？它只能向我们表明：在有生命的

----

[1]　"你，你的欢乐和你的悲伤，你的记忆和你的雄心，你的自我感受和你的自由意志，事实上，都不过是大量神经细胞及其关联的分子的行为。"（Crick, 1994）。

机体内，其基本的分子过程应当与无机界相同；而且，在该层次上，不再需要其他过程的参与。这一设想充其量仅能达到这样的目标。但正如我们所见，它却无法对特有的生物系统-层次理论进行解释；因为，在分子层次并无此种现象。

那么，在什么情况下，这类发现才具有一定意义呢？还有谁不相信，生命系统的分子事件也同样服从物理和化学定律呢？还有哪些生机论者需要我们去说服吗？据我所知，在现代生物科学同行中已无这样的学者。只是在 20 世纪早期和中期那一代的神经科学家中，如谢林顿与艾克尔斯，[1] 还带有某种形式的生机论色彩。他们在脑的研究中持有二元论的观点。对此，我将在第 9 章展开讨论。

但系统生物学与还原生物学之间的争论与有关生机论或者二元论的辩论无关。正如我在第 5 章所指出那样，在严密程度和定量研究方面，整合性的系统生物学与还原性的分子生物学之间并无二致。其唯一的区别在于：系统生物学认为，既有自下而上，也还有自上而下的因果关系。

我们不需要再去确认所有的分子过程都发生于分子层次。但在此，还必须重申本书的主题，我们的机体绝对不仅只是一大堆分子而已。对于分子层次而言，更高层次的结构和过程并不可见。因此，在某种意义上，体内的基因和蛋白质也无从"知晓"或"显示"其本身在更高层次功能中所发挥的作用。如果它们能知道，那才是件怪事。但若这个假设只是出于对生机论的迷信，也许可以原谅。

尽管生物学家们已不再支持生机论，但它在别的地方仍然有很大市场。在此，我希望能够说服仍在这个阵营的读者们，要想将生命看作是一个整体，而非各个组分的简单集聚，也许只有系统生物学才能不孚众望。生命现象已经充满美妙和惊奇，我们无须再为其添加任何神秘色彩。

自上而下路线的问题

多年来，自上而下的研究方法和路线已在生理学领域取得了很大的

---

1 见第 107 页译者注。——译者

成功。以循环的研究为例。大部分临床实践所用的知识都来自这种系统-层次的研究路线（a systems-level approach）。它从系统整体水平出发，逐步朝向更低层次，一一确定各个有关的组分。正是以此种方式，生理学才得以成功地"向下钻探"到越来越低的层次。事实上，分子生物学自身则可能已是这种向下探索的极限。

再以血液中氧的运输为例。人们先是确定这个过程与红细胞有关；继而又发现与红细胞内的一种分子，即血红蛋白有关；最后，又终于阐明了氧与血红蛋白相互作用的分子生物学机理。上述分析过程又曾在许多研究中被反复采用。在 20 世纪，这正是还原论生物学能够取得巨大成功的基础。

那么，自上而下的研究路线又有什么问题呢？当经过一些层次，终于探索到最小的组分，即分子层次时，如果打算从系统的层次的观点进行理解的话，则又需要对全部进行量化的重建工作。这样，我们将会面临与"自下而上"重建同样的困难。为了从系统-层次上进行理解，对各组分的了解虽然是必要的，但却是不充分的。还原论的分析只是故事的一半。

中 间 突 破 ！

定量计算生理学（quantitative computational physiology）现已是一个专门的学科。尽管还有很多困难，现已能在许多不同的层次上重建器官和系统。本章稍后，我将介绍"虚拟心脏"的重建工作。它是将第5 章中所描述的细胞计算机模型，与整个器官非常详尽的解剖和力学模型相结合而成的。

在一次 Novartis 的讨论会上，当向与会者报告"虚拟心脏"的研究进展时，我极力想向大家讲清楚我们所做工作的要义。我还想解释清楚，能将三个主要的生物学层次（蛋白质通道、细胞、器官）整合在一起，并取得部分成功的理由何在。

就在此时，Sydney Brenner 却进出了一句话："中间突破！Denis，你所做的工作，既不是自下而上，也不是自上而下，它是从中间突破的！"

会议期间，Sydney Brenner 似乎一直在打瞌睡，也未参与什么讨论；但他此言一出，就像一把逻辑的短剑，突然刺向讨论中的迷雾，使我豁然开朗。他这个警句的寓意究竟何在？其实，这个概念既简单明了又从实际出发（图5）。生物学功能可发生于不同的层次。在任何层次上，只要我们能够收集到足够的定量数据，就可以输入到计算机进行仿真，在这个层次上进行系统分析工作。

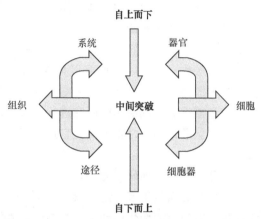

图5 重建身体器官或系统时，"自上而下"、"自下而上"与"中间突破"研究路线间的相互关系。本图虽将细胞或组织设为中间层次，但任何生物系统的层次均可作为中间的起始点。其基本概念是：任何层次都可能是因果链的起始点，故也均可以作为成功模拟的起始点。在生物系统中，并无"支配"其他层次的特殊层次存在。（引自 Noble，2002）

所有的层次都可能是因果链的起始点，故任何一个层次也都可以作为成功模拟的起始点。如果相互作用的网络跨越多个层次，则必须从中选择一个层次作为分析的起始点；至于是哪一个层次，则无关紧要。它可以是基因-蛋白质网络、细胞功能，或者器官结构所在的层次。这就是 Brenner 比喻中的所谓"中间"部分。可能有许多个"中间"。也许Brenner 和我就有所不同：我的从细胞开始，他的则从基因开始。但这的确并不重要，只要能持续深入揭示系统生物学世界的各种奥秘，我们终将会相遇。

　　当对所选择的层次已有充分理解并获得成功后，我们就可以向其他层次延伸（这就是 Brenner 所用比喻中"突破"的含义）。理想的情况下，我们终于正好向下延伸到基因层次，向上延伸到整个机体的层次。只有这样，我们才能做到从生理功能角度解释基因组。而建立各层次间的联系也是系统生物学的主要任务之一。

　　持批评态度的读者可能会抱怨："这与从底层开始、自下而上的路线，究竟有什么不同？这就是个骗人的把戏！而且，这种研究路线肯定最终、也许很快就会遇到同样的致命问题？"不！实际并非如此。

　　通过"中间突破"的方式，我们可以选取感兴趣的问题切入，进行研究。当需要向下面的层次延伸时，我们可以根据对较高层次的分析，只查明较低层次机制中那些有关的特征，而忽略其余。也就是说，依据较高层次研究的发现和需求对较低层次的研究进行过滤。这样，我们才能在海量数据的面前，认清什么才是重要的。它也可使跨层次分析所需传输的信息量大为减少。

　　现以我在心脏生理领域的一项研究为例，进一步说明如下。有些人会发生基因突变，受累基因编码生成的部分蛋白质中，携带的电荷会发生改变，从而导致蛋白质功能的变化。现在，我们已能搞清楚这些变化的重要意义。也就是说，通过开展直至器官层次的分析，我们就能够阐明这类基因突变引起心源性猝死的机理。

　　我们之所以能取得成功，与一开始即将心脏停搏看作一个系统-层次的现象有关。要对这一现象做出解释，我们就必须有针对性地探讨在较低层次发生的事件。如果我们只局限于所谓的"基因观"上，则不可能得出这样的结果。那样的话，我们最多只能得出基因突变会导致编码蛋白电荷改变的结论，但绝不可能确定它是否会引起致命性的心脏停搏。后者有赖于对更高层次事件的探讨。

　　当采用中间突破而向较高层次延伸的研究路线时，也同样可以使研究过程更为精炼，计算更为高效。我们并不需要将所有低层次的细节均考虑在内，而只要将注意力集中在那些对高层次功能有重要作用的特殊问题上即可。

　　在物理科学的一个分支——工程学，这种研究路线已使用多年。工程师通常根据所处理问题的需要，来选择仿真的层次和具体细节。例如，为了仿真或者建造一座桥梁，并不需要了解所有分子的性能。

同时，工程师们也喜欢运用模块化原理。比如，你的笔记本电脑所用的英特尔公司最新型处理器可能包含多达 2 亿个晶体管。没有人能够，也无必要去一个一个地了解这些晶体管是怎样工作的。工程师们只需了解每一个模块能干什么，以及这些模块如何相互组合以形成一个整体就可以了。机体在发育过程中，各部件组合的方式与此相似。每个组成部分各司其职，但对整个系统并不了解（Coen，1999）。

身体的器官

生命的交响乐团肯定规模宏大。但究竟有多大？又分为多少个乐器组？

人体内共有约 200 种不同的细胞类型。我们不妨将它们看作各个不同的音乐家。细胞又可组成为器官和系统。所组成的器官有：脑、心、肝、肾、胰、胃、肺、生殖器官，以及各种内分泌腺。这些器官又进而组成系统，如神经、肌肉-骨骼、循环、呼吸、内分泌、免疫和生殖系统。

正如一个完备的交响乐团要有弦乐器、木管乐器、铜管乐器、键盘乐器、合唱、节奏乐器组一样，这个生命的交响乐团也有约一打小组——器官；进而又组成 5 或 6 个部分——系统。它足可胜任生命之乐的演奏，且其规模也绝不亚于人类载歌载舞的贝多芬第九交响乐。

生理学之目的就在于阐明这个乐团的工作原理。那我们究竟干得怎样？作为一位生理学家，我的说法难免有其片面性。但我还是认为，在许多层次上我们都干得相当不错，对各个器官和系统的功能及其间的相互作用，都已基本搞清。这也是现代临床医学实践的科学基础。

在某些层次，特别是分子和细胞层次，对于一些关键性的生理过程，如肌肉怎样收缩、神经怎样传输信息，以及胰脏怎样分泌胰岛素等，目前我们都已得到了相当深入且量化的了解；对有些过程，甚至已达到极其详尽的程度。在另一次 Novartis 的讨论会上，当来自海德堡的 K. C. Holms 讲述了与肌肉收缩相关的分子事件之后，会议主席 Lewis Wolpert 立即问到："您进一步还想去阐明些什么？我觉得您已经解决了这个问题"（Novartis 基金会，1998）。

　　Holms 很快又指出了我们在认识上仍然存在的空白。但 Wolpert 的反应也有其合理之处。还有一些生理研究领域，其在分子层次的详尽阐明也令人惊叹不已。以第 5 章曾介绍的心脏起搏点模型中的蛋白质通道为例，我们对这类蛋白质的了解已达到极其详尽的程度。我们已经能够非常精确地指出，携带电流通过的原子的位置。

　　这就是生理学采用自上而下研究路线所取得的成就。对肌肉收缩机理的认识则始于对身体肌肉的解剖学研究，进而又揭示了神经如何支配肌肉做收缩运动的机理。现已搞清：它并非如最初所想象那样，是由于神经向其内注入或从中移去某些体液物质引起；而是靠运动神经纤维末梢先释放出一种化学物质，使肌肉的电兴奋性发生变化，引起肌细胞内钙离子浓度升高，它再作为一种信号分子而激活被称为收缩蛋白的蛋白质分子。这些收缩蛋白在分子层次上以一种类似棘轮机构的方式相互滑动，从而产生肌肉收缩。在那次 Novartis 讨论会上，Holms 关于分子棘轮机构的详尽描述令 Wolpert 和我印象深刻，而叹为观止。

　　以上就是最近几十年来，还原生物学的成功之处。让我们再回到 Lewis Wolpert 的问题："您进一步还想去阐明些什么？"Holms 只是从分子层次回答了这个问题，认为还有许多有待确定的分子结构问题。在此，我倒想补充提出，所有这些在更高层次上是如何整合的？为了更好地说明这一点，让我再次回到我的心脏研究领域。

虚 拟 心 脏

　　心肌细胞与骨骼肌细胞有许多共同之处，但亦有不同的地方。两种肌肉运动的分子过程基本相同，皆为两类收缩蛋白分子之间的相互滑动。其主要的区别则在于：在器官水平，如何对众多细胞进行调控，使之浑然融为一体。在心脏，所有的肌细胞都以高度有序且错综复杂的方式连接在一起。故若仅局限于分子层次的知识，就绝对不可能对心脏器官有一全面了解。问题的关键在于：所有这些心肌细胞究竟是怎样相互作用和协调一致的。这正是决定血液是否能从心脏泵入身体其他各部，进而决定我们生死的关键。

像在其他器官和系统那样，心脏的复杂结构形成于胚胎发育时期。因此，在理论上，要想对心脏这个器官有一个全面定量的了解，最好从发育过程开始。这也有助于我们进一步了解成功进化背后的逻辑。虽然我们对心脏发育已有一定了解，但还是不能在我们所希望的尺度上对这个过程进行建模。这一方面是因为了解尚不够充分；另一方面，即使知识积累已能满足，这个任务也超出了目前数学计算能力的极限（详见本章开头有关蓝基因机器的故事）。

故此，我们还是需要采取"中间突破"的研究路线。在这里，器官本身被选作"中间"。

大约 15 年以前，作为新西兰奥克兰大学的客座教授，我有幸目睹了这项研究的开始。该大学工程系的 Peter Hunter 与生理学系的 Bruce Smaill 正在合作进行一项极其艰苦的研究项目。他们对一只狗的心脏，逐点测量其肌纤维在空间的准确位置和走行方向，且将各个测量点之间的间距定为 1 mm。经过几年的努力，他们将所测得的数百万个数据按网格结构排列，终于得出了原来心脏结构的解剖模型。图 6 最上一行给出的是最近完成的关于猪心脏的模拟。

在此项工作中，大量收集数据非常重要。据此，我们才得以建立虚拟的解剖模型并用于实际，比如作为教学工具。但奥克兰小组更加有远见，他们将数据库设计成计算机软件的形式，并能与肌纤维的收缩（力学）行为、心脏的血液循环（如图 6 中间所示），以及由第 5 章所述细胞模型得出的电生理特性耦合在一起。下一步还准备将生物化学途径、神经控制、基因表达等一系列功能都包括在内。

虚拟心脏也是迄今为止所建立的第一个虚拟器官。该项研究现已成为一项国际合作项目，来自世界不同地区的研究小组正在不断地将其数据、数学模型以及概念汇集起来。

作为"中间突破"路线成功的范例，细胞模型的实现令人印象深刻，但虚拟心脏更胜一筹。它将细胞模型结合在一起，故能将细胞和蛋白质层次连接起来。它还能向下建立与基因层次的联系，从而可以用来阐明健康与患病心脏在基因表达形式方面的差异，以及特殊遗传变异的生理学效应。

比利时画家 Magritte 以其所绘的烟斗而闻名于世。在画的下方，

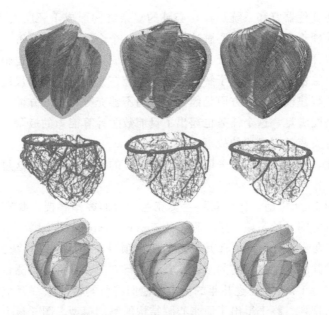

图 6　心脏计算机重建工作（"虚拟心脏"）的三个阶段性工作。上：对心室肌纤维的空间位置和走行方向的建模（引自 Stevens and Hunter，2003）。中：对一个心动周期中三个时间点的心脏血管的建模。左，心室收缩前、处于最大舒张状态时；中间，心室射血前、处于最大收缩状态时；右，心室射血相末期、舒张状态开始前（引自 Smith *et al.*，2001）。下：心脏电兴奋的三个不同时相（引自 Tomlinson *et al.*，2002）

他还加注文字"ceci n'est pas une pipe"（这不是烟斗）。意在表明：这只不过是一张图画而已。于是，当我做报告，播放虚拟心脏的电影时，也常声明"ceci n'est pas un coeur"（这不是心脏）。但我的用意可能要较 Magritte 更加明确。这是因为，Magritte 的"烟斗"虽然逼真，但不会有人真的去向其中填充烟叶；反之，在观看我们的电影时，已很难分清电影中所演示的心脏究竟是真实的，还是虚拟的。整个仿真的确令人信服。

　　但是，虚拟心脏究竟完成到什么程度？关于其"真实"的印象是否正确？

　　我们尚不能确切地知道，心脏中所表达的基因数量究竟有多少？估计不会少于 5000。但目前最复杂的心脏细胞模型所包含的蛋白质机制的数量尚未超过 100。因此，粗略估计一下，我们只描述了所涉及基因的 2%。尽管如此，在此基础上得到的心脏电生理与力学行为的重建结果已经非常具有说服力。这一方面表明模块化原理的重要作用；另一方面，也提示这个项目所面临的艰巨任务。在此基础上，我们还可进一步对身体其他器官和系统展开类似的分析。

　　把 Humpty-Dumpty 分解为一个个最小的碎片——基因和蛋白质，已经很困难了。但在生物科学所面临的挑战中，还原论的这一半可能还是相对较为容易的一半。将其重新整合并重建在一起，注定将会更加困难。这也是系统生物学所面对的、令人激动的挑战之一。

7 调式与调性[I]：细胞的和谐

有时被认定为错误的东西，还有其正确的一面。

John Maynard Smith (1998) 关于"拉马克主义"的评价

硅人发现了热带岛屿

达尔文是一个热爱岛屿的人。他喜欢这些岛屿的与世隔绝状态。当然，他并非出于喜爱这种隔绝；而是真正体会到，这种隔绝为研究物种独特的演化方式提供了极好的机会。正是通过这些观察，他才得到了一些至关重要的发现，并终于提出了通过自然选择而进化的理论。在加拉帕戈斯群岛，他研究了不同的生物，特别是鸟类和龟类的情况。这个群岛的各个岛屿分布在南美洲的西海岸边，彼此间为海水所隔离，以致各个岛屿上的动物物种也迥然不同。

只是又经历了一段时间，才逐步搞清造成这些差异的原因。在航海过程中，达尔文并没有意识到这些物种差异的重大意义，甚至连采集物种标本的岛屿名字都未曾记录下来。直到返回英国后，鸟类学家兼插图画家古尔德为他鉴别出这些雀类所属的物种，他才意识到其重大意义。从那时起，他才开始领悟到这些岛屿上物种变异的意义。

除这个例子外，我想再讲一个有关硅人的故事。这一次，硅人们发现，在地球的某些岛屿上，正在发生一些非常奇怪的事情。和达尔文的情形类似，他们也是花了一些时间之后，才终于意识到这些发现的重要性。

如前所述，硅人是一种基于硅化合物、智力与人类相近的地外生物。因此，您自然会认为，其身材大小也应该与我们相近。但实际上，由于硅的特性，他们得以有不同的身材；有些甚至可以小到成为地球上

I 调式（mode）指乐曲中从低到高排列的一组音列，围绕一个中心音——主音，按一定音程关系排列而成的体系。这些音的总和就叫做调式，如"大调式"及"小调式"（the major and the minor modes）等。调或调性（key）指从低到高排列的一组音列的首音高度。音乐的首音以什么音做 do，就叫做什么调。例如，以 C 做 do 就叫做 C 调，在简谱中记作 1＝C。——译者

动物的寄生物。对于这些硅人而言，地球上的许多生物已是他们眼中的庞然大物，而非一个个独立的生物机体。所以，硅人的地球生物学研究就只能在细胞层次上进行。

和达尔文一样，他们也发现了一个由热带岛屿组成的群岛。岛上全年酷热，气温在 37℃ 左右。让我们再次假设，尽管他们身材很小，但也像我在第 3 章所介绍的、比他们大得多的远亲那样，已经掌握了DNA 测序技术。在第一个岛上，他们发现了丰富多彩的物种多样性现象。那儿有病毒、细菌及真核生物。后者由与我们的体细胞相似的细胞构成，细胞内也含有细胞核、染色体、线粒体与核糖体。于是，他们开始用自己的 DNA 测序仪进行工作。

在这些病毒和细菌中，他们发现了各种各样的基因组。但在约 200 种的真核生物中，他们却发现：虽然这些物种显然不同，但其 DNA 基因组序列却是完全相同的！在这些物种中：有一些能够移动并能改变其外形；另有一些简直就是纤毛虫，身体表面长满毛发状的纤毛，正在做各种形式的起伏摆动；还有一些则伸出长长的突起用于通讯。它们中间的每一种，都在特性颇为相近的集群中生活。

令人奇怪的是，当这些物种在以无性的方式繁殖时，它们会将在集群中生活时所获得的特征也传递给子细胞。即使它们的 DNA 和基因组合与岛上其他 199 个物种完全一样，它们仍能将所习得的能力，如移动、分泌、传导等，定期地传递给下一代。

他们当中有一位硅人，对地球上生物学思想的发展历史有一定了解。他立刻意识到，他们的发现可能具有重大意义。

"你们知道，"他解释说，"在 19 和 20 世纪，这个地球上曾经发生过一场非常激烈的争论。有些人认为，获得性特征的遗传是不可能的；而另一些人则认为，这是可能的。令人好奇的是，达尔文和拉马克都曾不同程度地支持过后一种观点。"

"后来，"他又继续说，"不可能的观点占了上风，从而化解了这场争论；因为，从未发现，个体的这种获得性特征可使基因组的 DNA 编码发生改变。在与环境的相互作用中，无论每个生物机体发生了什么改变，都不会以 DNA 编码的形式传递给后代。他们所谓的'新达尔文主义'就是基于这个原理，后者也被他们称为'生物学的中心法则'。所

以，我们的发现可能会使他们大吃一惊。但我们还必须深入开展相关的
机理研究。"另一位硅人又想起了加拉帕戈斯群岛在达尔文工作中的重
要作用，故提议将调查范围扩大到另一个岛上，以便比较。而接下来，
他们的发现却更令人吃惊。

第二个岛屿也呈现出丰富的物种多样性。这里也发现了具有不同基
因组的病毒和细菌。就像在第一个岛上那样，总共有大约 200 个物种，
其基因组中的 DNA 完全相同；然而，这里的 DNA 却与第一个岛上相
应物种的又不相同！他们又冲向了下一个岛屿。同样的故事再度重演。
他们再次发现：大约 200 种真核生物都携带着完全相同的 DNA，而这
种 DNA 却又与其他岛上的不同。

还有一位硅人，他知道线粒体也有遗传的 DNA。于是他们又对线
粒体的 DNA 序列也进行了研究。结果又再次发现：尽管不同岛上的
DNA 模式各不相同，但在同一个岛上，其模式总是完全相同的。

他们都是一些有造诣的分子生物学家，因而终于搞清了其中的一些
奥秘。尽管在每一个岛上，全岛的 DNA 编码都是标准化的；但每个物
种都还要在其 DNA 分子上留下一个化学模式印记。因此，每当细胞机
器进行基因表达时，子代细胞就会出现和亲代细胞相同的表达模式。这
样，即使所有物种的 DNA 序列完全相同，其表达模式也可能完全不
同。正是由于这些机制，才造成物种之间的差异。这些表达模式可在世
代间非常稳定地遗传下去。

稍后，我还会对其化学机理给出进一步的解释，读者也许会对此感
到惊奇。实际上，硅人们的这些发现，已不会令当今的分子生物学家和
遗传学家感到新奇。但硅人们并不知道这一点，他们自以为做出了重大
发现。那么，现在还应该做些什么？

第一个提出研究不同岛屿的硅人又有了一个聪明的想法。"你们知
道，"他说，"我们的发现已可充分解释，岛上每一个物种内部获得性特
征的传递过程。然而，尽管每个岛上的物种分布都非常相似；但一个岛
上某个物种的 DNA，却又与其他岛上的同类物种不尽相同。这又是为
什么？这些差异是如何演化的？这一定是弄清这里所发生一切的关键。"

由于这些硅人极其微小，他们对时间的感受也与我们不同。我们的
一年，对他们而言，就像过了 100 年。因此，他们花了相当长的时间，

才找到解开迷团的下一个线索。经过仔细测量，他们发现，这些岛屿并非完全静止，而是相互间以极其缓慢的速度在移动。这一发现并未令硅人们吃惊，他们了解板块构造理论，知道地球上面积广大的洲都在漂移。

对他们而言，又过了几百年之后，他们观察到，有两个岛屿已经非常靠近，甚至可以在两个岛之间架设起一座桥梁。

但真要架设一座桥把这两个岛屿连接起来还要克服一些困难。比如，要经过多次摸索和尝试，才能在另一个岛的隧道口找到停靠处。即便如此，桥梁还是要前后滑动，以便停靠在可靠的位置。

此时，令人激动的事情终于发生了。突然间，在连起来的两个岛屿上同时发生了地震。震动和余震几乎把他们甩出岛去。硅人们发出了令人毛骨悚然的尖叫，表明他们正在承受着极大的痛苦。

接下来，他们目睹了整个过程中最不寻常的一幕。在 200 个物种当中，一个此前很不显眼的物种引起了注意。这个物种的所有个体平时似乎都无所事事，也没有一个很特殊的表现型。但就在此时，却突然有成千上万个个体离开了一个岛屿，开始在湍急的水流中快速游动，经过桥梁（类似一种封闭的输水管道）涌入隧道。

当这些涌入者争相进入隧道的更深处时，地震消失，一切又恢复了平静。大多数涌入者在角逐中死亡。只有一个幸存者能将自身黏附到另一个岛上的一个大细胞的表面。就在此刻，有一个电脉冲传遍细胞的表面，并且游动物种的全部 DNA 突然进入大细胞内。多年以后，这一个岛又分为两个，出现了另一个更小的岛。在这个小岛上，也有很多不同的物种，但却都具有另外一套完全等同的基因组。

硅人们的错误

当然，您可能已经明白。上述通过管道游动的成千上万个小细胞就是精子细胞。其中仅一个能与卵细胞相遇，使其受精。每个岛上的 200 个物种当中，其余的 199 个都是人体已分化的细胞，当然它们也可是病毒和细菌的宿主。硅人们所犯的错误其实与他们的身材太小有关。他们误将每一个人体看成是一个单独的岛屿；又将人体内全部 200 种不同的细胞类型，都看成是单独的物种。

　　但是，在他们的错误当中也还有其真理的一面。对于细胞本身而言，从进化的角度来看，人体更像一个囚禁他们的岛屿。生物机体不仅能捕获和控制基因、病毒与细菌，也可俘获整个的细胞。

　　在这个故事中，除了将已分化的成熟细胞描述为不同的物种之外，其他都是标准的生物学内容。所以硅人们的发现不会使地球上的任何科学家感到惊奇。可是，这个故事仍有其令人感到意外之处。这主要是因为，主张获得性特征遗传的"拉马克主义"，一直被错误地认为是达尔文主义的对立面。对此，我将在本章的末尾进一步予以阐述。

细胞分化的遗传学基础

　　在机体的整体层次上，不同世代之间的获得性特征遗传似乎非常罕见。但在多细胞机体的一定层次上，一种这类形式的遗传却较为普遍。在同一个机体内，所有细胞都具有一组相同的基因，[1] 它们源自精子-卵子融合时所形成的初始基因组合。但不同类型的体细胞之间却有着很大的差别。例如，骨细胞与神经细胞、胰腺细胞与上皮细胞、肝细胞与心脏细胞之间，均互不相同。

　　那么，应如何解释这些遗传上的差别呢？这主要与以下事实有关。首先，虽然每一个细胞的 DNA 编码都是相同的，但在不同类型的细胞中，起作用的基因却可能是不同的。再者，各个基因的表达方式，比如，哪些基因被表达，何时表达，又如何表达等，也可有所不同。正如有一位音乐家，虽然他总是用同一架有 30 000 根音管的管风琴（基因组）去演奏，但对于不同的细胞类型，其演奏的方式却大不相同。

　　机体内这些已经特化的细胞类型还有一个非常显著的特征。当它们分裂产生新的细胞时，还会把关于获得性基因表达模式的信息也传递给子代细胞。这也被称为"表观性遗传"（epigenetic inheritance），它与 DNA 序列的差异无关。

　　毫无疑问，DNA 自然会被传给子代细胞；但仅是 DNA 的传递，还不足以使它们成为肝细胞、上皮细胞或其他细胞。更确切地说，在

　　1　生殖细胞是个例外，只含有一半的 DNA 编码。

DNA 之上，还另有一个附加的模式层次造成了这种差别。对于每一种类型的细胞而言，其 DNA 都携带有不同的化学标记，以确保每一种类型细胞的特异性基因表达模式能够传递给后代的细胞。

关于基因印记（gene imprinting）的化学标记机理，有一种已经基本搞清。它与一个被称为"胞嘧啶（DNA 编码中的 C）甲基化"（methylation of cytosines）的化学过程有关。但还有一些化学机理问题尚不甚了解。除基因印记外，细胞的功能还与机体的整体条件有关。例如，把一组胰腺细胞移植到脑部，它们会继续发挥胰腺细胞的作用；但如在体外，就会丧失胰腺细胞的功能。然而，细胞的基因印记却依然存在，且似乎能一直保留下去。

下面的例子可能更加令人不可思议。如果对胚胎眼睛发育形成区域的神经上皮细胞进行诱导，改变其表达印记，就可将它们转变成一类能够形成晶状体的细胞。这就好像，指挥家能够把一个普通的长笛演奏者变成一个杰出的小号手！

但以往的理解却并非如此。大约一个世纪前，现代基因思想的创始人之一——魏斯曼[II]就曾认为，更可能的情况是，每种已分化的细胞只要携带足以表达该类型细胞功能的基因即可，而不需要携带全套的基因。所以，一个肝细胞的细胞核里的 DNA 组合就会与心脏细胞有所不同。这个观点实际上就是"基因决定一切"的老式说法。它认为，不同的细胞，如心脏细胞、胰腺细胞、神经细胞等，都有各自对应的基因组合。

在当时的情况下，这种观点看起来似乎更加简单明了、更具有可能性。假设每一种功能都必须对应于一组基因，那就可以根据其所编码的功能把基因分组；再根据细胞特定功能的需要，把相应的基因组合加入细胞内即可。这个观点好像可以解决不同类型细胞的特征究竟是如何传递的问题。然而，事实并非如此。现在我们已经知道：基因与功能之间

II 魏斯曼（August Weismann, 1834 — 1914），德国生物学家。他创立了种质连续性理论，认为种质决定遗传，代代相传，永不变化；而体质易受生活环境影响而改变，也会随着个体的消亡而消亡。魏斯曼的种质论与达尔文的自然选择理论相结合成了新达尔文主义。但种质的绝对不可变性却又使进化论面临新的困境，直到 20 世纪突变理论出现之后才得以解决。魏斯曼也是第一个预言生殖细胞会发生染色体减数分裂过程的生物学家。——译者

的关系非常复杂，同一个基因可以在许多不同的功能中发挥作用。在此，重要的不仅仅是单个的基因，而是基因表达的模式。

一个心脏细胞与一个胰腺细胞之间究竟有什么区别？这个问题的关键并不在于哪些基因被激活；而在于，相较其他基因，它们被激活的程度。现已证实，在不同类型成熟的已分化细胞中，有所谓表观遗传机制存在。有鉴于此，对这个问题，我想应该打破常规，换个角度去思考。现在我们应该问的是，为什么在生殖细胞中，这种自然而有用的机制却受到了抑制（也许未被完全抑制）；而不是，它何以能够在成熟的已分化细胞中发生。这种对基因的化学标记很可能与第 4 章所讨论的、罕见的"拉马克式"物种遗传有关。

为什么这种现象在生殖细胞系遗传中如此罕见？这的确是一个非常有趣的问题。Maynard Smith 已充分认识到这一点。但目前对此尚不能做出明确的解释。被囚禁在同一个多细胞机体中的细胞都能够自由自在地应用这一机制。但是，为了保证生物学中心法则的正确无误，通过生殖细胞的遗传肯定不能采用这一机制。

但这样说也未免有些本末倒置。为什么进化曾使中心法则几乎总是正确的？为什么对于多细胞机体，"拉马克式"遗传形式盛行于集群内所有的细胞类型，而唯有生殖细胞却是个**例外**？

Maynard Smith（1998）曾提出一种可能的解释。他写道："大多数表现型的改变（除了已知的一些外）并不是适应性的：它们是损伤、疾病和衰老的结果。一个能够将这种变化从父或母传递给子代的遗传机制，将不会被自然选择所青睐。"

对此观点，我尚无把握。大多数基因型的改变（突变）也都不是适应性的。这些改变通常与损伤、疾病和衰老一样糟，这也是为什么自然选择拒绝接受大部分这类改变的原因。如果自然选择能够有效地滤除不良的基因型变化，它也就能有效地滤除不良的表现型变化。"拉马克式"的遗传并不排斥达尔文式的选择，而是作为对后者的一种补充，为多样性的产生提供了另一种来源。

如果自然界能够运用这种机制，它肯定早就会这样做了。让我们再次回到这个问题上：为什么在生殖细胞中，这种机制被完全抑制？我的直觉是：应当在细胞层次以上生物复杂性的发展中去寻求答案。很可能，只有当细胞聚集成大的集群，进而又形成多细胞的机体时，表观性遗传才得以尽情发挥。

调式与调性

在进化史的大部分时间内，多细胞物种并不存在。至少可以肯定，在最初的 20 亿年间，一直未见其踪影；只是在约 5 亿 3 千万年前，寒武纪大爆发的时期，它们才大量涌现。因此，在地球上有生命存在的这 40 亿年期间，多细胞物种存在的时间大约只占 13%，最多占 15% 的比例。由于最早期的多细胞形式可能并没有留下化石，故对上述时间段的划分，我们还不能充分肯定。总之，多细胞形式的生物物种只是在相对较近的时期才开始出现的。

我将它们所具有的特征归纳为"细胞的和谐"：在一个健康的机体内，尽管每一个细胞都有自己"自私的"利益，这些细胞都必须以一种和谐的方式，为了整体的利益而互相合作。如果放任自流的话，就可能导致像癌症等这样的疾病。这里我说"必须互相合作"，就是因为它们也像基因一样，"都在同一叶扁舟上"（详见第 1 章开始处的引文）。无论如何，它们都必须同舟共济。

这里可以用音乐史上调式和调性的发展来进行类比。在人类音乐史的绝大部分时期，都是以节奏和旋律为其主要的特征。

比如，对于只有单个旋律和以节奏为基础的音乐而言，我们称之为中世纪的调式已经足够了。因此它们被广泛用于教堂里朴实无华的格利高利圣歌，以及非宗教的流行音乐中。再如，在 11 和 12 世纪吟唱诗人的那些优美的情歌中，也多采用这种调式。此外，世界上许多早期的音乐也是如此，尽管这些调式（一个八度内音符的排列），听起来也许与西方的中世纪调式风格明显不同。由于对这类音乐的需求不同，又产生了许多种变化。对西方人而言，传统的日本、朝鲜或者印度音乐听起来会相当陌生。

但后来，潮流发生了变化。人们希望能够听到多种形式的歌唱和乐器演奏，不只是齐唱和齐奏，而是以一种我们称为多声部音乐的复杂形式进行合唱或合奏。正是为了这种需求，才有了现代音乐中的调性发展。它的优势在于，只要每部分音乐都在一个调性中写成，并遵守相应的音程规则，最终创造出的音乐就会非常协调。但是，中世纪的调式并没有消失，它们只是被吸收同化了。就好像，当多细胞形式出现的时候，单细胞机体并没有消失一样。

多细胞的和谐

由上述比喻，我们是否能得出这样一条线索？除生殖细胞系外，其他不同类型细胞都具有表观性遗传机制，是否正是保持多细胞和谐的需要？是否所有的细胞音乐都必须保持在同一个调性之中？

人体到底有多少种细胞类型，其确切的数字仍存在争议，但这完全是因为定义不同所致。"人类生理组计划"（the Human Physiome Project）是一个试图为体内所有的细胞类型建立模型的项目。据其估计，大约有 200 种细胞类型，每一种都拥有完全不同的基因表达模式。如果考虑到细胞间更加细微的差异，这个数目还会增大。比如，心脏不同区域的细胞就有一定差异，通常认为，这种差异可以保护心脏抵御致死性的心律失常。

这样一来，我们就有了一个大约 200 人的合唱团，或者管弦乐队。这里，数字是否精确尚不太重要。重要之处在于：这个数字已足够大，其基因表达模式的覆盖范围宽广而且多样。在机体这个整体环境中，各类细胞的表达模式也必须是协调的。它们都在同一条船上：或者一起沉没，或者一起渡过去。打乱它们的协调将会产生严重的后果。这是经过 20 亿年以上的实验才得到的结果。它也许并不够完美，但在大部分时间里又都是可行的。

同时我们也发现，每一种类型的细胞都是如此复杂，以至大多数基因在很多种细胞类型中都有表达。其意义可能是：体内所有的细胞都拥有同样的一套基因组合；但对于细胞类型的编码则是通过基因标记，而非这套基因组合的变化，来进行传递。

上述分析对于理解生殖细胞系遗传的问题可能也有帮助。如果生殖细胞系遗传也能反映每种细胞类型的适应性变化，将会导致什么后果？由于所有的细胞类型终归都是源自融合的生殖系细胞，所以，几乎所有细胞类型的表达模式都会随之发生改变。这样一来，就没有办法通过生殖细胞的基因标记将某一方面的改进，比如，心脏功能的改进，只传递给下一代的心脏细胞，而又不致影响体内许多其他类型细胞的基因表达模式。当然，对心脏细胞有益的改进，不见得对骨细胞或肝细胞也有益。相反的是，对一类细胞有益的变化，往往对其他类型的细胞却是有害的。

制药工业就常遇到这个问题。例如，我们开发了一些药物，可作用于体内的肾脏细胞，但不幸的是，这些药物对许多其他种类的细胞也有影响。因为这些细胞都具有相同的基因表达，故必然会对同样的药物很敏感。这样，结果可能对体内细胞间精细的和谐产生严重干扰。我们称其为药物的副作用。

副作用的确是一个严重的问题，它常使机体虚弱，甚至死亡。获得性特征引起的基因改变可能也是如此。因此，最好是让自然选择造成的遗传影响，只作用于未分化的细胞；而对每种细胞类型基因表达模式进行编码所需的精细调整，则由分化过程去处理。对生殖细胞系编码的自然选择，决定着整体音乐的谐调；而每种细胞类型的表观性遗传机制，则决定着它们所演奏音乐的各个局部。

即使上述解释是正确的，我们也无须期望它会 100% 有效。可以想象，如果生殖细胞系基因表达模式所发生的某些改变对于整个机体非常有益，那么即使这些改变对少数细胞系有不良影响，最终还是会被选择。对于少数似乎是生殖细胞系的"拉马克式"遗传实例（见第 4 章），则可由此做出解释。这也促使我们去寻找更多的案例。可以预言，只有当这类遗传在整体上对细胞间的和谐有促进作用时，它才会在多细胞物种中发生。它在较简单物种中发生的可能性更大。迄今为止，我们所发现的少数案例（Maynard Smith，1998）也支持上述预测。

关于"拉马克主义"的历史注释

本章所讲述的故事可能令读者感到震惊，但原因却与其他章节有所不同。

答案就在于对拉马克及"拉马克主义"的一系列疑虑和严重误解。

在现代生物学思潮中，这个词几乎已被取缔，或作为一种贬义词使用。在生物科学领域，如果被指责为"拉马克主义"，就有如在物理学界，被称作违反热力学定律的麦克斯韦小妖那样声名狼藉。

众所周知，达尔文和拉马克关于遗传机理问题的观点不同。事实上，他们两个人当时对这一机理都一无所知。达尔文的伟大之处在于提出了进化理论，不论遗传的机理为何，盲目的选择就能产生新的物种。他拒绝接受拉马克的思想，即进化是由于内在的驱动。但达尔文和拉马克又都从其他人那里汲取了获得性特征（用进废退）遗传的概念，因为这种假设早已存在。

达尔文对此概念的确并不热情。但出于历史的偶然，拉马克的名字却总是不幸地与这个并不是他提出的概念联系在一起。而这个概念，现在已被看作是达尔文自然选择进化理论的对立面。虽然出于其他原因，达尔文对拉马克持极度否定的态度，视拉马克于 1809 年出版的巨著（Lamarck，1994）为"名副其实的垃圾"；但不论是达尔文还是拉马克，都不可能知道生物学思想史上的这个曲解。

因为获得性特征的遗传问题，"拉马克主义"这个词总是会带来麻烦。由于充分认识到拉马克所受到的不公正待遇，以及考虑到是他首次提出"生物学"一词并将其创立为一门独立学科，拉马克应该得到更好的待遇和更公正的纪念。因此，在本书里我会一直使用这个词。

Mayr 在其不朽的著作（1982）中，曾对这个特殊的历史问题进行过纠正。对于法语读者，Pichot（1999）也做过类似的阐述。正是由于这段历史，在本书中，我总是用引号把"拉马克主义"括起来。但困难在于，很难对这个词的精确含义进行定义。在此，我采用 Maynard Smith（1998：11）的定义，用它来表示与新达尔文主义的严格假设相对立的遗传机理。Maynard Smith 曾把我在这里引用的所有例子都归于这一类，包括细胞分化的遗传。

在此还要感谢现代法国科学家们对本书中的许多观点做出的重要贡献。除了 Pichot 的著作，Kupiec 和 Sonigo 合著的《既非上帝亦非基因》（*Ni Dieu ni gene*，2000）也对我有很大的影响。当然，还包括我已经表示过感谢的 François Jacob 的《生命的逻辑》（*La Logique du vivant*），尽管我并不赞同他的基因程序观点。

8 作曲家：进化

目前我们还没有关于相互作用的理论，所以，也就不可能有关于发展或进化的理论。

Dover，2000

汉字的文字系统

人类的基因组约有 20 000～30 000 个基因，这些基因可以不同的方式相互组合，在机体的所有层次上产生各种效应。我在第 2 章曾用管风琴比喻基因组，以说明基因可能相互组合方式的数量之无比庞大。

另一个组成要素数量级相近的人类发明就是汉字系统。目前在中国台湾、日本、朝鲜和韩国也使用这个文字系统；以前还曾在东南亚的一些国家中使用过。汉字是填充在方块里的一类象形文字，一连串方块字即可用于表达语言中的一系列词语。汉字的每个图形都有其含义；有些情况下，图形所代表的含义一目了然。

例如，表示山的这个汉字，就由三座连续的山峰组成，最高峰位于中间；稍加想象，就能看出它很像一条山脉。其实最早的"山"字就非常像儿童画的山峰。下面给出这个汉字的两种现代字体，即宋体和草体。

山　　山

但大多数情况下，这些字体的含义并非一目了然，需要对传统和习俗有相当深入的了解才能够领会。所以，不是在使用此类文字的国家中成长的人，学习汉字将会相当困难。故汉字给人的初始印象常常是杂乱无章。西方人自然会对此非常不解：何以不使用字母，而竟然采用这类书写系统，真是不切实际。

更令人惊奇的是，要想达到基本掌握的程度，约需学会 2000 个汉字。这已经非常不易。但应指出，在历史上，最多时约达 40 000 个汉字;[1,I]但其中只有近 10 000 个字被保存下来，现今仍在使用。作为一个业余爱好者，我所用的汉语、朝鲜语和日语词典，词汇量较为一般，每种大约只有 5000～7000 个字。

有些汉字极其复杂。有个用来表示"皇帝的"的汉字，源自传说中某种虚构的鸟。要写出这个字，需用毛笔或钢笔写 30 个独立的笔画。[2,II]这里也给出这个汉字的上述两种字体。

鸞   鸞

将 30 个笔画进行排列组合，可能得出的汉字数量将大得惊人。所以，如果与理论上可能的数量相比，30 000～40 000 实际上还只是一个非常小的数字。[3]

以上也表明，在这个文字体系中，排列顺序和规则会比乍看起来要多得多。实际上也确是如此。例如，上面这个汉字就是由四个更简单的汉字所组成，其中由于"糹"字已重复出现一次，故实际上只剩下三个。这三个字的含义也很简单明了："糹"表示细丝，"言"表示说，"鸟"表示鸟类。

所有 30 000～40 000 个汉字都是由这些基本元素的不同组合而构

---

1   《康熙字典》，共 42 卷，1716 年在中国出版，收录了 40 000 多个汉字。

I   《康熙字典》，1958 年 1 月由中华书局出版第一版，以后又多次印刷（根据晚清的影印本重印）。共收录了 47 035 个汉字。1915 年出版的《中华大字典》则收录了 48 000 多个汉字，字数超过了它。——译者

2   这个汉字现已很少使用。历史上曾有一位著名的佛教和尚，名"亲鸞"（1173—1262）。

II   这里的"鸞"是"鸾"的繁体字，指传说中凤凰一类的鸟，多用于比喻夫妻。与皇帝有关的，应是"銮"字（其繁体为鑾，从金）。如"銮舆"指皇帝的车驾。详见《现代汉语词典》第 5 版，第 894 页，2009，北京：商务印书馆。但查《古汉语词典》（第 1019 页，2004，北京：商务印书馆），二者可通用。——译者

3   如果每个笔画有五个不同的起笔笔形（竖、横、撇、捺、点），即使不考虑笔画的长度，30 个笔画就会有 10^{21}（100 000 亿亿）个可能的汉字。如果再考虑有 4 种不同的笔画长度，这个数字就会增加到 10^{37}。由于实际的汉字约为 4×10^4，所以可能数与实际数之比大约是 10^{33}。（在原注中，著者是用五个不同方向的线段，即竖直、水平、两个对角线和点，来表述这五个不同的起笔笔形。——译者）

成。这些元素只有 200～300 个，大多数都是本身有特定含义的汉字。而其中约有 100 个，其出现的频率很高，如"糸"和"言"就是其中的两个。

所以，要学习汉字，第一步就要学习这一二百个较为简单的汉字。经过这样的训练，就能够初步了解其他汉字的书写构成模式，而这些模式有时还可进一步反映有关汉字的含义。这就是我们所说的模块化系统。当初次面对这类系统时，其复杂性常令人有束手无策、无从入手之感。但随后人们就会发现，复杂性其实就是来自简单元素一次又一次地被重复使用。

基因的模块化

至此，读者想必已经熟悉本书的写作手法，也希望您会喜欢这种风格。可能您已经猜到：此处离开主题去谈论汉字的模块化，正是为探讨生命的模块化及生命如何进化问题而写的开场白。正如汉字那样，生命也是一个模块化的系统。而且，其模块化特性也正是了解生命如何进化的关键。

我们知道，基因就是携带编码信息的一段段 DNA 长链。也像马赛克那样，每个基因都由更小的模块组成。虽然我们尚不知道这些模块的确切数目，但似乎不会超过一两千种。因而，这些基本模块必定是被大量不同的基因所共同使用。

基因编码与汉字还有另一个共同的特征。虽然在进化或发展历史上，这些模块最初可能只具有很简单的功能或者含义，但当它们形成为一个完整的系统时，就不再那么简单和易懂。的确，每当我们坐下来，打算搞清楚这些系统时，所面对的就好像就是一团可怕的乱麻。而麻烦又恰恰是来自进化。随着基因组（或语言）的进化，模块的功能（或含义）也会发生相应的改变。但对于最初的功能（或含义）而言，这些改变又常常是以任意的方式进行的。

不论是基因形式的进化，还是文化形式的进化，都具有这种混乱状况；或者，用一个并无贬义的术语来说，就是创造性。因为，正是经历一系列复杂的修补和拆拼，自然界才呈现出我们所了解的繁多的生命多样性现象。错综复杂且相互交织正是大自然的创造力之母。

这里也可借用比喻，改变一个词或者一个词组的适用范围，来进行说明。我们不妨说，随着基因组的发展，大自然的作用已经从一种"切换"到另外一种。它掠夺了旧 DNA 模块中的宝贵珍藏，用于形成新的组合；并对旧的基因赋予了新的功能。所以，在那些长有耳朵、眼睛、腿、翅膀的物种中，其功能都是来自原本不具备这些功能的生物物种的基因。自然界很少产生全新的模块；所以，很多模块都是极其古老的，进化得也非常早。在进化树上，何以相距较远物种的基因组中却有很多序列是相同的？其原因可能即在于此。

99％以上的人类基因，都可在小鼠的基因组中找到相关的拷贝。尽管在进化上相隔 5 亿多年，海鞘却仍然有一半的基因是与我们人类的基因相关的。

但我们不应被这种现象所误导。一些大众媒体的评论员们也在极力宣扬，人与小鼠在基因组上只有很小的差别；仿佛在说，你我与小鼠相比，本质上并没有太大的差别。遗憾的是，他们并没有考虑本书第 2 章的计算结果。序列中仅微小的差异，就会造成功能编码上的巨大差别。根据国际人类单倍体基因图协作组（International HapMap Consortium，2005）[III]的资料：世界上不同人种间的所有区别，仅是由于 0.1％的人类基因组编码存在差异所致；即大概只有几百万种变异，其中可能又只有 50 万种对于评价健康和疾病的发展趋势有重要意义。对整个基因组而言，这些数字似乎又只是个零头。但若将受影响基因相互之间，以及它们与基因组内其他基因之间，各种可能的相互作用方式都考虑在内，这些数字就会变得极其巨大。这也可能是遗传学在分析复杂疾病的遗传特征方面未能取得重要进展的根本原因。

III　在后基因组的第一个 10 年期间，除"国际单倍体基因图"项目（International HapMap Project，2002－2005）外，有关人类基因组的大项目还有"DNA 元素百科全书"（ENCODE，Encyclopedia of DNA Elements）项目（2003 开始，预计 2011 完成），旨在了解人类基因组每一个元素的功能。此外，美国国立卫生研究院（NIH）还宣布了"表观遗传学路线图"项目（Roadmap Epigenomics Program，2008－2013），旨在确定基因编码区和非编码区的定位，以及在组织中决定基因启动或关闭的调节模式［详见 Francis Collins. Nature 464，674－675（2010）］。——译者

基因-蛋白质网络

我们时常会说"这个基因能够做这做那。"但这类说法很容易产生误导。在一定环境条件下，某个基因会实现某种特定的功能；但若环境发生了改变，该基因就可被用于实现其他功能。事实上，不去说基因"做什么"，而说基因"被用于做什么"，可能会更有帮助。正如生物学家所言，基因是在调节控制下发挥作用的。细胞环境的不同条件决定着基因开启或关闭的程度。

基因是受蛋白质调控的；反过来，这些蛋白质又是由其他一些基因编码产生的。这些其他的基因，可能又要受到另一些蛋白质的调控；而这些蛋白质又是由更多的基因所编码产生。整个系统就取决于由这种基因-蛋白质-基因-蛋白质……等相互作用所构成的大型网络。这种网络通常被称为"基因网络"。或者，称其为"基因-蛋白质网络"，可能更加合理（参见第 5 章有关似昼夜节律的例子）。

术语的重要性也不应忽视。使用"基因网络"一词会使人产生这种印象，好像是基因内部的程序在控制着生命的发育和保持。事实上，并没有这样的程序（见第 4 章）。没有蛋白质，基因就不可能做它们要做的工作。而蛋白质也并非自由自在之物。它们还要受到机体其他部分的影响，并最终受到来自外部环境的影响。这就是所谓的"向下的因果关系"。因此，即便是使用基因-蛋白质网络这个词，我们仍然要慎重。因为，这些网络并不能脱离较高层次的过程而独立运行。

这类复杂网络所具有的许多特性，对于生物的进化和发育都非常重要。其中，模块化特征更是至关重要。这一特性使得这些网络能够在不同的场合下被重复使用。这也意味着，能够在不打乱网络自身的情况下，进行网络的切换。

考虑有这样一个基因，它参与开启哺乳动物眼睛发育过程的网络。假如我们把这个基因转移到昆虫的身上，结果会怎样呢？虽然在结构上，昆虫的眼睛与哺乳动物有很大差别，但这似乎无关紧要，转移的基因依然启动了昆虫眼睛的发育过程。

再考虑有一个昆虫基因，它能够开启与腿部生长有关的模块。如果我们把它转移到昆虫基因组的另外一个区域，比如，开启触发翅膀生长模块的基因通常所在的区域，又会怎样呢？结果是，在错误的部位竟然会长出一条腿。

　　我们应当怎样去理解这些实验结果？基因-蛋白质网络构建了模块化的子系统，这些子系统具有很强的鲁棒性（稳健性）和高度的适应性。可以毫不夸张地说，这种"组织化"网络的发现已经改变了我们对进化的看法。在遗传学革命之前，早期的解剖学家和胚胎学家就曾经指出，人类与各种不同的动物，如蛇、昆虫、螃蟹之间，在形体上都有其相似之处。他们发现，在一系列物种当中，其形体普遍呈节段性结构特征。现在，我们对这些现象的遗传学理解已在很大程度上证实了他们的想法。例如，人类与蛇的脊柱就都呈现节段性的特征，它们也的确都具有相同的起源。现已阐明，确实有这样的分子调控网络，其中起关键作用的一类基因就是同源异型基因（*Hox* gene）。[IV]

　　一个同源异型基因可以"控制"由数千个其他基因和蛋白质组成的网络。所以，它又常被称为"主控"（master）基因。由此，我们可以再次体会到，社会的和心理的设想是如何被强加于科学工作之中的。其实同源异型基因并不真正"了解"网络在做什么，更不用说把它的意图强加给网络了。在一个重要的生物学过程中，同源异型基因的作用固然非常关键，但它绝非这个过程的主宰；实际上，它仅仅只是一个触发器而已。它可触发一个庞大而复杂的网络，使其开始运行。但它的触发行为却又是"盲目"的。如果将它换个位置，用相同的"触发"模式，去触发其他物种的另一个网络，它也照样会去做。

失效自动补偿与冗余性

　　这些网络的第二个重要特性则是鲁棒性（稳健性）。同时这些网络

　　IV　同源异型基因（homeotic gene，*Hox*）在胚胎发育过程中的作用就是确定体节发生的规定性（identity），对与体节发育有关的基因表达进行调控。大多数 *Hox* 基因都含有一段高度保守的特征性序列，称为同源异型框（homeobox）或 *HOM* 序列。后者又含有独立的功能单位，称为同源异型结构域（hemeodomain）；其编码的蛋白质称为同源（异型结构）域蛋白（homeoprotein），是一类重要的转录调节因子。——译者

还具有一定的冗余性。冗余性也是鲁棒性的必要基础。

　　假设有三条生物化学途径 A、B 和 C，通过这些途径，就能够在体内制造所需的特殊分子，如激素。假定途径 A 上的基因失灵，将会怎样？A 途径的基因失效将引起反馈调节，进而影响 B 和 C 组的基因，使其发挥更大的作用。用专业术语来说，这就是一种反馈调节机制；反馈可使两组未受影响基因的表达水平上调，以补偿已失效基因的作用。

　　显然，在这个例子中，即使有两个途径失效，仍能保持功能的运行。只有当所有三种机制全部失效，整个系统才会停止运转。一个机体拥有的并行补偿机制越多，其功能的鲁棒性（失效自动补偿，fail-safe）就越强。例如，工程师们就利用同样的原则为飞机设计控制系统。

　　与飞机设计师相比，进化就更需要这一类的鲁棒性。它需要的不仅是能够设计一架新的"飞机"，而且还要能够在设计新型号的时候，最早的型号，以及所有的中间型号，都能继续"飞行"。

　　下面举一个有关这类备份机制的例子。图 7 用到了我们已在第 5 章

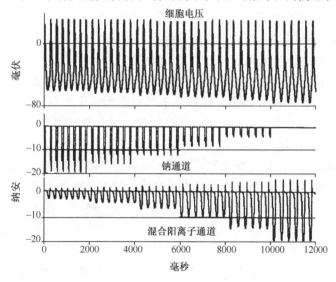

图 7 "基因敲除"效应的仿真（Noble *et al.*，1992）。本图显示了心脏起搏细胞鲁棒性的基本机制。随着钠通道蛋白质的逐步减少，直至最后被完全"敲除"（中间的曲线），混合阳离子通道蛋白质则逐步取代它的作用（下面的曲线），使得心脏的节律得以维持

介绍过的心脏节律模型。正如图 3 所示那样：最上面的曲线给出了在 12 秒钟内，模型细胞"搏动"时的细胞电压变化；中间和下面的曲线则分别描绘了两个蛋白质通道的活动，其一是钠通道（中间的曲线），另一个是混合阳离子通道（下面的曲线）。在心脏起搏点活动的初期，钠通道的活动大约是混合离子通道的 6 倍。因此，在每个周期中，它的振荡幅度都要大得多。

2 秒钟后，将钠通道的活动降低 20%。根据钠通道的重要作用，此时的节律理应明显降低；但实际上，节律的变化却非常微小，以致很难从图上辨认出来。何以会如此？仿真结果表明：随着钠通道活动的减少，混合阳离子通道可以取代其作用。在本实验中，混合阳离子通道的活动几乎增加了一倍。利用这种方式，它可完全替代钠通道活动缺失的部分。

下面，让我们试着再进一步减少钠通道的活动，看会出现什么情况。如果在第 4 秒将钠通道减少 40%，在第 6 秒减少 60%，在第 8 秒减少 80%；最后在第 10 秒，索性把它完全敲除掉，结果又将如何？此时已可检测到频率的降低，但其影响并不大。因为，现在混合阳离子通道所输送的电流与原先钠通道的基本相同。

对于像心脏节律这样重要的功能，通常都会有若干种备份机制。实际上，由于备份机制很多，以致关于"究竟哪一个才是真正的起搏机制"的问题，生理学家已经争论了几十年。而其答案则是："它取决于许多因素"，例如，它取决于物种、条件和调控机制等。

假设你正在参加一场比赛，或者正在盼望与恋人相会，你的心跳就会加快，蛋白质活动的平衡也会发生变化。反之，假设你正处于深度的休克状态，你的心跳就会减慢，甚至几乎要停止搏动，而蛋白质活动的平衡也会以另一种方式发生改变。总之，心脏的节律发生器对生命至关重要，如果它开始出现问题，或者不能统领整个心脏进行协调的节律性活动，就会发生心源性猝死。所以，备份系统自然要在此时发挥作用。

浮士德与魔鬼的交易

一个物种转变成为另一个物种绝非易事。不妨想象一下鱼类进化为在干燥陆地上生活物种时的情况。显而易见，鱼鳍怎样变成腿，如何形成肺等问题，均须解决。但进化过程却总是有办法将其实现。它是怎么做到的？几乎可以肯定，模块化和冗余性在其中发挥了关键性作用。利用模块化特性，就可能将原有的基因-蛋白质网络嵌入新的控制网络之中，并尽量减少对原有网络的扰动。

假定有一些机制发生了突变，最后又被选择去支持与其原先功能全然不同的其他功能。那么，原先那些功能又将如何保持呢？这时，备份机制就显得非常重要了。这就是冗余性的价值所在。这也是对大自然何以在确保飞机继续飞行的同时，又能够对"飞机设计"进行修改的基本解释。

当然，进化是一个盲目的过程。回顾过去，我们可以说，某些特定的模块和冗余机制对于某些特殊的进化发展是至关重要的。但这并不意味着，进化都是按照事先计划好的方案进行。正如并没有一个特定的振荡器来驱动心脏的跳动一样，进化也并没有按照一个总体规划来进行。实际上，进化过程常常会走进死胡同，从而导致物种的灭绝——这是绝大多数物种的命运；或者，陷入我所谓的"与魔鬼的交易"之中。

根据我们事后的认识，这些应该是属于设计方面的缺陷；但从进化的角度来看，这些正是许多成功的进化发展所必须付出的代价。它们就像浮士德与魔鬼的交易。在这个故事中，浮士德多年来从魔鬼那里获得了无限的知识和能力，但代价却是把自己的灵魂出卖给魔鬼。这类交易的关键在于，虽然能在较长时间内极大受益，但终归是要致命的。这恰好也正是大自然偶然发现的那一类交易：当它找到一个合适的基因组合以产生某种功能时，可能最终要付出走向消亡的代价。进化可能很少去理会个体的灭亡，特别是发生在生命繁殖期以后的死亡。

致死性心脏病的病因之一就是这样一种交易的后果。我们在第5章曾经讨论过，钾通道蛋白质具有降低心脏电兴奋过程能量消耗的功能。这是这类交易中有益的一面，但也带来了不利的一面。这种生物电机制在提高心脏能量利用效率的同时，也会给心脏带来脆弱和易于受损的弱点。

在每次心跳期间，一些钾通道以一定方式开通，以保证心跳过后心脏能返回其初始状态。不幸的是，进化把这个至关重要的任务托付给了蛋白质，而蛋白质又是人体内最易起反应的物质之一。比如，制药工业在研发新药过程中得到的大量化合物中，约有40%可与这些钾通道蛋白质发生相互作用。因此，这些药物会干扰心脏生物电的恢复过程，并可能致死。

钾通道蛋白质还易受到其他方面的影响。比如，当钾通道和其他通道蛋白质发生许多突变时，条件就会改变，使其无法正常工作。这类基因突变可使有关人群有易发心源性猝死的倾向。毫无疑问，这些人可以活到四十岁、五十岁甚至更长；但也许就在看完一场令人兴奋的比赛之后，在淋浴时会突然倒地身亡。

多像浮士德的交易！

进化是否曾避免这种情况的发生？我们的确无从知晓。它偶然发现的钾通道蛋白质可能并非如此活泼。它也可能会找到其他更为精细的微调机制（就像心脏起搏点那样），以使系统更加稳健可靠。但更为可能的是：进化既不关心，也不知道这些问题的存在。如果这些问题只对很少一部分群体有影响，而且主要在生殖期之后才出现，那么，选择就没有什么理由非要将其滤除掉。当然，进化也不可能预料到会有制药工业出现！它的确无法预期一切。请记住，这是一个既没有方向目标，也不具备任何远见的过程。此处所用的"关心"和"知道"等措词，只是用来比喻那些可能会在自然选择过程中发挥作用的因素。

生命的逻辑

英语的"physiology"一词源自希腊语的"physiologos"，其原本的含义即是"life-logic"，有"生命的逻辑"之意。在日语、朝鲜语以及中文所用的汉字中，它被译为：

生 理 学

这三个汉字的含义依次是："生命—逻辑—学问"。因此，其含义就更加清楚明确。[V] 那么，生命真的有逻辑吗？

V 在第 32 届国际生理科学大会（格拉斯哥，1993），本书著者与 C A R Boyd 首次提出汉字"生理学"更能表达生理学学科的含义。详见：C A R Boyd and D Noble."*The Logic of Life*", 1993, Oxford: Oxford University Press。——译者

部分进化遗传学家认为，生命不可能具有逻辑。进化过程是盲目的和不完善的，并具有偶然性。因此，生命既不可能有一个设计，也不可能是完美的，或者遵循一种严格的逻辑。

事实上，在此我们不妨把 Paley 关于上帝是否存在的论据颠倒一下。他认为，如果在沙漠里发现了一块表，那么，至少可以得出这里曾经有过钟表匠的结论。因此，当发现生命拥有如此复杂难解的精美以及对环境的适应性时，我们会毫不犹豫地假设，有一个睿智的造物主存在。但相比之下，我们现在却发现，生命中充满了设计上的缺陷、失败的尝试和不完善的折中。尽管我们对地球生命难以置信的美仍然感到惊奇，但却不再认为，它的逻辑就是其中最好的。

此外，正如第 2 章所述，对于生命系统的演化问题可能会有几十亿种可能的解决方案。因此，即使我们在宇宙的其他地方确实发现了生命，它与我们相似的概率也几乎接近于零。请记住：要对进化过程中的所有可能组合都一一进行试验的话，整个宇宙所拥有的物质是远远不够的。

但是，上面所有这些论点竟然都意味着确实有逻辑存在。对于生命而言，可能会有几十亿种逻辑；但更加有意义的是，我们可以将今天在地球上所见的一切看作是一种特定的逻辑——地球特有的生命逻辑。它只是亿万种可能性中的一种；在数十亿年的进程中，进化遇到了许多难关及困境，也许已经尝试过各种各样的可能；而我们现在所得到的，正是它认为合理的选择。

伟大的作曲家

让我们再回到本章的主题：进化是伟大的作曲家。它为基因配乐曲，为细胞编写和声，为生命的不同阶段谱写交响乐。通过对诸多可能性的随机筛选，它成功实现了上述目标。通过这一方式，进化促使机体不断适应它们所处的环境，也包括对其他物种的适应。这个逻辑尽管既不完善，也非刻意设计，却有待我们去进一步探索。要解决这个问题，就必须将生理学和发育生物学与进化理论重新结合起来。Patrick Bateson（2004）曾指出这种结合的必要性，并提出应放弃以基因为中心的进化观点。他写道，"将发育与进化生物学分割开，以及将目标局限于基因的观点，不可能永远占据统治地位。整个生物机体的生存和繁殖各不相同，而优胜者则拖着它们的基因型继续前行。这就是达尔文进化的引擎，也是何以了解整个机体的行为和发育有如此重要意义的原因。"

　　这也应当是系统生物学的终极目标。现在我们还只是处于这种努力的开端。我们期待着能够获得关于生物系统-层次相互作用的成熟理论；但眼下，我们只是对如何才能加深这种理解看到了一线希望的曙光。

　　系统生物学的任务是，首先要揭示这些相互作用，然后再提出相应的理论对其进行解释，以进一步阐明它们的逻辑基础。这些努力的成功是形成发育理论和进化理论的一个基本前提。而单凭基因组则无法实现这个目标。请记住 Dover 的话："这类相互作用绝非基因所能解释。"全然没有任何一个驱动者，它却依然进化不息。这个伟大的作曲家要比聋人贝多芬更加盲目！

9 歌剧院：脑

我认为有关意识的秘密就在屏状核内——你相信吗？[1]

Francis Crick，2004

我们的故事即将接近尾声。第一步是从基因水平开始的，一步一步地讲下来，直到讨论生命之乐章的伟大作曲家——进化。我们发现，在每一个阶段都没有一个单独的控制器存在。生命的交响乐团是在并无乐队指挥的情况下进行演奏的。我们可能觉得，对于病毒、细菌、植物，以及低等动物来说，这一发现相对较易接受；但是，对于所谓的高等动物，包括人类，这是否仍然正确？总之，我们有一个由数十亿个神经细胞组成的、很大的脑。它可能也是宇宙中最为复杂的事物。

有些读者会认为，对于诸如"什么在控制着身体的生命过程？"这样的问题，答案已经很明确。是的，神经系统肯定是一个属于某种类别的中央整合器与控制器。问题在于，它究竟是属于什么类别。我们是否也必须如 Crick 和其他一些生物学家那样，在脑中去寻找一个全都汇集于此的中央意识所在的部位？是否脑内果真有这样一个小小的部位，如屏状核，或者任何其他部位，能具有此种功能？

若果真如此，那么这个意识中心又是怎样看到它之所见，怎样听到它之所听，以及怎样感知到它之所触？神经系统是否以一种特殊的形式将我们的感觉提供给它，将光、声，以及压力波，转换为已经存在于头脑中的一些特殊的定性现象？一些哲学家和科学家称后者为"感觉材

1　引文的全句如下："我认为有关意识的秘密就在屏状核内——你相信吗？何以这么一个微小的结构，却与脑内如此众多的其他区域有着广泛的联系？"［Francis Crick，2004，出处见 V. S. Ramachanran，'The Astonishing Francis Crick'，*Edge* 147（18 October 2004，www. edge. org）］。屏状核是脑内一薄层神经细胞组成的核团。它虽然是一个很微小的结构，但与脑的其他一些部位却有着广泛的联系。不过这些细节对于以下的辩论并不重要。

料"（sense data），或者"经验的质的特性"（qualitative character of experience，qualia）。[2,1]这是一个生物学与哲学密切相互联系，或如某些人所说，相互交叉的一个领域。那么生物学家和哲学家对于我们如何感知这个世界都是怎样思考的？

我们是怎样看到这个世界的？

关于自我、脑和对世界的感知，有一整套令人迷惑的哲学难题。所争辩的一个核心问题，常以各种不同的外表或伪装形式出现。在此，让我先讲述一个有关的故事。其中两位主角的名字分别叫"**我**"和"**你**"。您还需要知道，他俩有同一个母亲。

当我正在写作本章时，我仔细地注视着打印稿。我注意到字是黑的，而纸张是白的。于是，我告诉你，我正在用黑色的字体在一个白色的背景上写作。你的回答虽然同意并了解我所说的内容，但你却在不停地唠叨着你的疑问。

"你怎么知道我也像你那样，也看到了黑或者白？"你问道，"也许，当我在读你的书时，我所看到的正是你看成为在粉红色背景上的蓝色，或者在深蓝色背景上的绿色，或者数百万种颜色组合中你可能还从未看见过的任何一种颜色组合！在此我们只能说，我所感知到的颜色与你的所见只是称谓上的始终一致罢了。我们所用的名称虽然相同，但我们所看到的却可能不同。"

我最初的回答有些幼稚。我说："真可笑！我们俩不是小时候都从母亲那里学会了'黑'、'白'和所有其他一些颜色都代表什么意思吗！"[3]

2　这个术语是 20 世纪的一些哲学家提出来的，专指"经验的质的特性"（qualitative character of experience），其单数形式是"quale"。早期所用的术语还有："感官印象"（sense impressions），"感觉"（sensa）和"感觉材料"（sense data）。

1　Clarence Irving Lewis 在其 1929 出版的著作 *Mind and the World Order* 中，首次引入"qualia"（单数形式为 quale）一词。在哲学，此词用于表述"意识经验的主观性质"（subjective quality of conscious experience）。——译者

3　实际上，这个想法并非如开始所设想的那样幼稚。详情见本故事的结尾。

你接着说:"当然是,但我指的不是这些。当我们在母亲那里学的时候,我想我们都是在注视着相同的事物,并且必须以相同的方式说看到了什么。后来,我又阅读了一些哲学和神经科学书籍。现在无论如何我也不能明白:任何其他人,甚至我们的母亲,怎么会知道,当我正在注视着黑色的字体时,我究竟看到了什么。我的经验存在于我的自身中,在我的头脑内,在我的脑子里。没有任何一个人能够看见它们。我所看见的世界可能与你所见的完全不同。"

我简直不认为这会有什么重要性:"啊!亲爱的,你最近已变成了一个十足的唯我论者。我有时也有过那样的感觉。不要担心,它很快就会过去。我们一块儿去吃点儿咖喱饭吧!"

这自然又引起你有点儿生气:"不,不,它不会过去。你真的不懂。我真的是这样想的。我就是我。你就是你。你不可能知道,在我自己的私人世界里我所感受到的东西。"

"你的私人世界(private world)?它究竟在哪儿?"

"别跟我捣乱啦!你不可能看见我头脑的内部。"

"好!从某种意义上说,我倒真能看见。我能记录出你神经元的活动。我能扫描你的脑部,检查其血流量和其他方面的变化。你也可以对我做同样的检查。我们会发现,充满我俩头脑中的东西大致相同。"

"是的,我知道。但我还是不同于你。这并非由于我俩在身体上只是相似而非等同,而正是由于那个……。好啦,我就是我,你就是你。你明白了吗?"

"是的,我当然明白了你的意思;但是我不理解,为什么它可以使你说出,你有一个我不可能知道的所谓'私人世界'?"

"别胡扯啦!我显然不是指我的神经元,或者我的血流量变化,或者其他任何与身体特征有关的东西。我讨论的是我的经验。我有我自己的感觉经验,而你有你自己的经验。你知不知道,它们现在甚至还有一个名字,叫'经验的质的特性'。你必然也有。只需看一下白纸上的一个字母。那里就会有一个'黑在白上'的'经验的质的特性'出现!"

"那么,你已经是一名二元论者啦?你是不是认为,那里有些东西是不属于躯体的?"

"不,根本不是!可能在某种意义上说,这些东西是我的神经元活动所产生的——或者，至少它好像是与此有关。我们不是要回到笛卡儿的二元论。我也不认为会有一个能与我的脑相互作用的灵魂存在。事实上，就我个人的看法而言，我就在我的脑内。并且我的脑生成了我所看到、我所感觉到和我所听到的这些经验。"[4]

"我认为这些经验是产生于你和我生活的同一个世界里。这也是我对于你所提到的、你的'私人世界'感到迷惑不解的原因。"

"哦，是的，你所说的有点儿对。但我并非指世界上事物的自身。我所指的是，当我看世界时，我所具有的感觉的**性质**。这也是它们之所以被称作'经验的质的特性'的原因。"

"那么，等一下。当你在看一个黑色的字体时，你是不是认为，在你的头脑里不仅有黑色的字体本身，还另外有一些东西？"

"是的，你说对啦。我希望我自己就是按照这种方式感觉的。"

"但这恰好又是另一种形式的二元论。当你在看一个黑色的字体时，你为什么一定要认为，在你的头脑里，除神经活动过程外，还另有什么东西在起作用？"

"等一下，不是这样的。我认为这些'经验的质的特性'并不像是一种幽灵样虚无缥缈的东西。"

"但我听起来，它好像就是。请告诉我其中的缘由。你是一位科学家。你会认为，你的脑虽然非常复杂，但它终归是一种物质的东西。你或我，能进行一种可行的实验，来证实你称之为'经验的质的特性'的东西是否存在吗？"

两人长时间缄默无言……

"想好了吗？"

"哦，它不像是那样。就像我刚才说的，你不可能知道我的经验是什么，所以我也不可能告诉你。"

"那么，你到底在做什么？你是不是在进行一种自言自语式的自我

4　这可能是关于另外一种形式私人语言难题辩论的起点。辩论的一方（**我**）会问到，在这句话里，"我"究竟起什么作用。稍后，我们还要用另外一种对话形式来探讨由此种对话方式所提出的、关于自己（自我）和脑的关系的问题。这里须指出的是：这一组难题都是与不同形式的、关于私人语言的辩论纠缠在一起的。

对话？你怎样比较你自己的经验？"

"当然，那很容易。当我提到黑的时候，我知道我指的是什么，并且我能想起来它像什么。所以，从某种意义上说，我能够告诉我自己'这是黑'。"

"但你不可能告诉我?! 你必定有一个自己的私人语言[II]。"

"好，如果你一定要那样想，我认为我就是那样。但每个人都是如此。"

又一次陷入较长时间的缄默……

"难道你不是这样吗？"

"这个，我可不敢肯定。告诉我，你从哪儿知道这个所谓'私人语言'的？它是否具有与我们语言相同的单词？"

"啊！关于这个我未曾多想过。是的，我想它应当是。至少，每当我看见纸上印出的黑字时，我总不会将一个自己随意编造的词告诉自己，比如，我总不会认为它是莫须有的'kcalb'吧。哎！我已给弄糊涂啦！总之，我不会随意地用任何一个单词——我肯定也不需要去这样做。"

"所以，这不是另外一种语言，很可能它甚至根本就不是一种语言。"

"好吧，它肯定不是我们小时候从母亲那里学来的语言。但是，你听好，其实它也非常简单。我看着黑，我知道我在看着黑。我提醒我自己，这和我先前所经验的属于同一种东西——比如说，属于同一种'经验的质的特性'。如果必须要用言语来表达的话，我会对自己说'我正在看到黑。'"

"那么，是否当你向自己述说的时候，你也会告诉你自己，你正在交流的东西与你对我说'我正在看到黑'时要对我交流的东西，尚不相同？"

"是的。"

"那么，这中间的区别又在哪儿？"

II "私人语言"（private language）的说法是维特根斯坦（Ludwig Wittgenstein）在其著作《哲学研究》（Philosophical Investigations）一书中提出的。其中译本为：维特根斯坦 著，李步楼 译，陈维杭 校.《哲学研究》. 北京：商务印书馆，1996，第 259—275 节。——译者

"我已经告诉过你。一方面，我在谈论字体本身；另一方面，如果你愿意这样理解的话，我在谈论我怎么会看到它——'经验的质的特性'，即我关于这些字体的经验。"

"但我们并不知道这些'经验的质的特性'是否存在。我们也无法进行实验来证实其存在。为什么总要涉及这些东西？为什么不回想一下，我们小时候从母亲那里学习语言时的情形？每当我们看着黑色的东西时，母亲说'那就是黑'，于是我们就学会了应该管这种颜色叫什么。这不是很简单吗？再者，我们只能这样，因为我们三个人看的是同一本书的相同的图画。这就是我们终于用同一种语言的原因。如果我们是法国人，我们就要说'noir'；如果我们是日本人，我们就要说'kuro'[III]。不管哪种语言，我们任何人在看到黑色时都能够对其所见进行交流。同样道理，当人们看到红色、绿色、蓝色和所有其他我们能用语言区别出来的颜色时，我们就能够明了其所指的是什么颜色。母亲从来都没有问过我们，能看到任何'经验的质的特性'吗！"

"没有问过，但她并不懂科学。"

"嘿，等一下。这并不是科学！我们似乎都已同意，你所谈论的一些东西，例如，'经验的质的特性'、感官印象，或你想要用的其他名称等，都缺乏实验证据。又如，你在对你自己进行内心交流的过程中，在一种语言中所遇到的这些'经验的质的特性'，可能就不是一种语言；或者，正如你告诉我'我看见黑颜色'时所用的同一种语言。最后，我们都认为，你、我头脑之中所含的物质材料并没有什么不同。那么在全部所谓的'私人语言'之中，哪儿有科学？"

"不错。我同意我是在对这个世界表达一种特殊的哲学观点。但我也认为，我们必须对于某些哲学信念进行科学研究。如果我不去思考，诸如'经验的质的特性'之类的东西是否由于神经活动过程的结果，我怎么能够去研究脑-精神问题？天哪，这真是对神经科学最大的挑战！但你又不能说服我，这些都是徒劳的！"

"也许不能，但如果我是对的话，你的问题根本就不能成立。就我

III　中文"黑"的日语汉字为"黒"，其假名为クロ或くろ，其英语注音为"kuro"。——译者

们在此所讨论的内容而言，也没有所谓的'脑-精神问题'。"

"什么?!"

"好吧，这取决于你。如果你认为有问题，那么就有；但这个问题可能是你想出来的，与你的思考方式有关，这并不是一个科学上的问题。我的理解是：你正在打算研究一种我们不可能取得任何实验证据，而且还需要有'私人语言'介入的现象（我想语言就是用于交流的！……我真糊涂！）。你的思路似乎会导向一种现代形式的二元论，这与从科学角度探索人类完全是两码事。"

"我想我们最好还是去吃咖喱大餐吧。但你必须要告诉我，你是怎样理解精神事件和躯体事件之间的关系的！"

在 Aziz 餐馆

这本书的大部分内容都是在享用美味印度咖喱大餐时进行构思的。让我们在餐馆里一边享用香喷喷的烤小羊腿[5]，一边继续讨论吧，但不再用对话的方式。

生理学家研究身体，包括神经系统和脑。在我们这个世界里，那些特定的研究对象往往会处于某一个特殊的位置。然而脑所含的蛋白质和其他分子与身体其他 部位基本相同；大多数情况下完全一样。即使有些不同，也绝非那样高深莫测。

不妨以钠离子和钙离子的交换过程为例，进一步说明如下。多数细胞都有专门实现这一过程的蛋白质，称为"钠/钙交换体"，以 NCX 代表。在眼睛的光感受器内，NCX 则由一种也可转运钾离子的相关蛋白质所替代。这种配置是有一定道理的。因为光感受器只能在细胞内钙离子浓度极低的条件下工作，故大量的钙离子必须被排出，或以其他方式处理，以产生较大的钙离子浓度梯度。上述蛋白质的替代有助于实现这

---

5 正如我在第 2 章所举出的煎蛋例子，一只整羊腿可能对整合论与还原论之间的辩论也有所启示。虽然所用的调味品是一样的，所用的酸乳酪、葱、蒜、油和肉也与其他咖喱菜肴一样，但用全腿与用切碎的肉块所烹调出来的咖喱菜却全然不同。前者所烹调的是一个完整的整体，其烹调的体验显然也不同于"还原论者"的方式。

种特殊的需要。

当然另有一个单独的基因编码这种特殊型式的 NCX 蛋白质。同样，脑和心脏的钠通道也有所不同（至少，不同通道蛋白质的表达水平会有所不同），并且是由不同基因编码的。但神经生理学家或者其他神经科学家在提及脑和神经系统的一些特点时，通常并不关心这些分子层次上的差别，而是更加关注有关意识的问题。

多种学科都可对此进行探讨。我们可以将精神-脑及有关的问题看作与传统上属于哲学的问题，有明显交叉和相互重叠的研究领域；或者，在某种意义上，它们甚至就是哲学问题。这是一个富有争议的领域。有一些人认为，神经科学在解决人类伟大的哲学奥秘方面可能会有所作为。我们为什么是有意识的？真有自我（自己）吗？我们有自由意志吗？这些问题不仅引起了神经科学家们的极大兴趣，分子生物学家、量子物理学家、宇宙学家、数学家也都在尝试如何探讨意识和精神的问题。若仅仅将已经进行过的研究题目汇集成册的话，其篇幅将与本书相当。

正如作者在本章公开对话部分所提出那样，有些问题根本就不存在；或者，即便是有，也与许多作者所描述的截然不同。这可能会令人吃惊，一些读者可能会感到比我在前几章中所介绍的数学方面的惊奇还要出人意料。请耐心往下读。

我们是有意识的。如果没有具有一定功能的脑，我们就不能如此。故我们将意识定位于脑。脑可被看作身体之戏剧进行表演的空间。仿佛那里有一个"我"（应当拉长腔，读作"我——"）在"注视着"复杂神经过程的最终结果。有些人就称此为"笛卡儿剧场"，它是由笛卡儿关于脑和精神的二元论哲学衍生而来的。

这些结果即被看作是外部世界的"地图"（图像，maps）。根据这种观点，"我们"（"我"）并不是直接看到外部世界，而是通过解释这些地图得出直接看到世界的印象（illusion）。其实，"我们"所"看到"、"听到"、"闻到"的等，到更像是某些种类"经验的质的特性"的代表。

不管使用什么方式表达，都假设有视觉经验的质的特性、听觉经验的质的特性，等等。所以"脑的剧场"就是一个"全临场感觉经验"（total sensurround experience）——最宏伟的剧场。于是，当我在听舒伯特的钢琴三重奏时，我的感受就可被分解为一系列听觉经验的质的特性，或者就是一个单独的经验的质的特性（我真不懂，我们该怎样分享这个东西）。与之相比，其真实的事件则是，我屋内可由一位物理学家用复杂仪器测出的声波。到头来可能还是硅人正确！

这里至少有三个问题。首先，"我"在何处，或"我"为何物？其次，外部世界的地图（图像）究竟在何处？是何物？最后，这些实体是否较经验的质的特性更能经得起严格的分析？

传统的西方哲学对这些问题的观点是明确的。它假定有一个"我"，即自我、意识，或者灵魂。即使它依赖于脑，但这两者也是彼此分离的。这种观点也曾被一些人，如 20 世纪杰出的神经生理学家谢林顿与艾克尔斯[IV]，又从一些哲学家如笛卡儿那里，继承下来。

最近，神经科学家们已经抛弃这种观点，而赞成各种形式的"脑即是自我"的观点。只是在讨论某些精神与脑之间的相互作用时，笛卡儿的观点才被认为有一定意义。但对此也有疑问。若能去除这个多余的观点，问题可能变得更为简捷。故有人就很想解开这个难题（或"戈尔迪之结"），直截了当地认为，在某种意义上，脑的神经活动恰好就是这个"自我"。

他们认为，如果能达到足够复杂程度的话，则这种神经活动即能"产生"包括我们感知在内的意识。就像胰脏能分泌胰岛素，心脏能自动发生起搏节律那样，意识就是有关神经网络的一种特殊性质。这一说法绝非无关紧要，由此可以得出一些重要的推论。例如，曾有人设想，当他们死亡时若能用超低温冷冻其脑，则他们最终可被复苏为同先前一样的一些人。沿着这条思路还可产生出各式各样的奇妙想法，也包括计算机模拟仿真。计算机能够仿真意识吗？还必须要进行哪些工作，才可使它成为"有意识的"？

IV 谢林顿（Charles Scott Sherrington，1857—1952）与艾克尔斯（John Carew Eccles，1903—1997）分别在 1932 年、1963 年获得诺贝尔生理学或医学奖。谢林顿在阐明脊髓反射机制问题上曾做出重大贡献，但他认为这对于解释人的精神-思维活动却无能为力，人只是灵魂和肉体的复合物。艾克尔斯在神经细胞兴奋与抑制的离子机制方面曾做出重大贡献，但他把意识、精神视为与物质、脑平行的独立实体。——译者

这种探讨也代表神经科学家与一些哲学家在当前的某些共识。这中间还有许多困难。怎样阐述一些想法，而又不致陷入某些形式的所谓"私人语言"的争论之中？我不认为这些概念较经验的质的特性更能站得住脚。

如想将这些困难全都充分地展现出来，则需要有一本巨著。因为这些问题是与我们的语言纠缠在一起的，故很难将其阐述清楚。例如，当我们说"用你的脑子！"时，我们的本意只是要表达"想一想！"。我有幸不必再去写一本这样的书，因为已有许多有关书籍出版（如 Armstrong，1961；Bennett and Hacker，2003；Cornman，1975）。但如能将其基本要点概括起来将有一定意义。为此，我在下文将采用故事题材叙述。

动作与意志：生理学家和哲学家的实验

如果我们接受"自我"就是脑，或者就存在于脑内这样的概念，我们随之要面对的问题则是"'我'在那里？"一种答案是：它是在脑内产生意向的部位。[6] 我们能设想在脑内找到这样一个点吗？或者，我们甚至认为，这是一个很分散的网络？那么，"我"能够被确认为一个由神经元组成的网络吗？让我们通过一个具体的例子来探讨这一概念。

当我正在这里写这本书的时候，我突然被打断。有人进来问我有一件东西放在哪儿。因我正在全神贯注于写作，故未答话，而是指向此物在房间内的位置。这是一个有关意向性动作的例子。设想有一位生理学家，他曾研究从抬手到指向动作所涉及的肌肉和神经联系问题。他自认为可以对所有动作做出充分的解释。

我们可以设想，这种分析是分阶段进行的。首先，必须搞清楚抬臂动作所涉及的一般性机理问题。然后，再细致了解形成一个指物动作的架势所涉及的一些独特运动。最后，这位生理学家还要分析，指物动作

6　如读者业已赞同本书的基本观点，你可能就会有这样一种警觉：每当谈论意向是由脑所"产生"时，我们就已经不自觉地陷入了语言所设置的陷阱。这也是多个世纪以来，关于精神-脑关系的特殊思考所造成的。

所涉及的更精细运动。

由此深入，他甚至可用刺激神经系统一个小的区域，比如说，运动皮层的一个特殊部位，而找到所涉及的神经生理装置。或者采用按一定程式的序列对有限个点进行刺激的方法来实现。在此阶段，他无疑是非常愉快的，并准备发表一篇有关"指向行为的神经生理学基础"的论文。

此时，一位哲学家读到了这篇论文。她注意到其中至少有一处是用词不够严谨；而最糟糕的是，对基本概念的完全曲解。这篇论文的结论是："我们现在对于指向动作已经有了一个圆满的生理学解释。"哲学家对其中的"动作"（action）一词产生了疑问。当他们后来相见时，她指出：　"你并未对指向动作做出解释。你只是对一个特殊的运动（movemert），或者一组运动的神经生理学基础做出了阐述。你逐步细化了这一组运动，直到它与我们所见指物动作的外在表现能完全对应起来。但你并未对这一运动何以是一个'**动作**'做出解释。"

生理学家对此大吃一惊。他虽然对哲学家们有关这类概念的区分，平日已略有所闻，但他常将其看作与我们日常用语中对"行为"一词的使用方式有关。这与能否探察出所关注的运动的正确神经通路关系不大。

他只是尝试性地采用还原论分析方法，探讨完全从神经生理事件的角度出发，到底能够解释到什么程度。他认为，只要能够满意地解释指物动作过程中所有可见的运动，肯定对全部过程即已完全了解。而哲学家是否假定：如果这个运动被认定是一项指物的动作，即使所涉及的运动是完全等同的，必然其中还会有另外一种不同的、神秘的力在起作用？

生理学家对此完全不以为然。如果除了可见的肌肉运动之外，没有证据表明还会有这样一类的力存在，那么所提出的假说将是不可能被检验的。再者，即使假定这个概念是正确的，我们怎样才能知道，这些据说可能伴随运动的力以及任何精神事件不只是一些附带的现象，而可能是神经科学真实事件中的一个附属事件？其实他已经猜想到，这可能会涉及意识和精神这类问题。

哲学家则从一个不容否认的事实出发做出回应。在一般性的论述中，以及在关于行为及其责任的全部假定前提中，我们都必须区分运动和动作之间的不同。我们也是这样做的。只有当所关注的运动是在一定背景情况下发生时，才可以说发生了某一个特殊的**动作**。而将一个**动作**归属于某一个**主体**的必要条件就是要确定其发生的背景。

因而，主体想要或者打算去指某物，可能是问题的关键。并非所有的动作都需要有意向的参与，一个人也可以做出非意向性的动作。这肯定就是判断一项运动，是否可被描述为有意要去做的动作的一个判别标准。哲学家愿意对此进行一项演示性实验。她唯一的要求是：这位生理学家能接受邀请，作为这项实验的被试者。她认为只有这样安排，并假定实验能进行下去，他才有可能亲自去体验一下。

于是，在生理学家的指导下（假定技术上可以实现），她将电极安放在适当的位置上，再按那篇论文提出的方式进行刺激。这位生理学家的手臂随之运动，且手做指物的动作。哲学家则要求他说出刚才都发生了什么事情。

他回答说："是的，我发现啦。我感到这个指物运动仿佛是强加给我的。其外在表现的确与一个指物的动作并无区别，然而**我**并未曾指着什么。所以，我向你承认，我的电生理刺激模式，的确不能再现所需要了解的脑的**全部**状态。但如果这就是你辩论的依据，那只不过是一个拖延战术而已。若你能给我一定时间，我将可能揭示全部过程。我将能够找到，在我的模拟刺激模式所引起的神经状态之前，已经进入兴奋的神经通路。我认为，那时你得承认的确有这类神经活动。最终我一定能够找到一个刺激模式，它不仅能够引发我做出我们所设想的那种动作，又不会使我产生被强迫去做一个动作的感觉。若能成功，则我将能够找出'是我'，或者正在打算做什么的'我'的神经科学基础。[7]

现在又轮到哲学家困惑不解啦。她首先意识到，即使从她自己的观点出发，将这个问题看作一个仿佛可以通过实验来确定的实证性问题，已经是一个错误。问题的关键在于，在日常实践中，我们都**知道**我们正在有意地去做某个动作。我们并不需要通过研究我们脑的状态去搞清此问题。于是，故事中争辩的双方又都陷入迷惑不解之中。

7　这个故事并非牵强附会。事实上，这一类试图确定意向性动作之前出现的神经活动的实验已经进行过。

跨层次的解释

若只限于这个故事的情节范围，争论很难会有结果。生理学家似乎确信，他能够按照他的想法，详尽地追踪出全部神经网络和搞清它们的活动，并最终能够找到一个可以"引起"意向性动作的刺激模式，又使动作者具有"他"在做动作的感受。

我们在此还假设，我们这位哲学家也不否认这种观点，即当我们有意地去做某一个动作时，某些神经元回路必定会被激活。但她又不相信笛卡儿的二元论。所以，她会认为：要想确定这种所需要的刺激模式，可能极其困难；而要去模拟它，则将会更加困难。但她又认为，这些似乎还只是技术上的问题，而非概念方面的问题。我们这位哲学家还正确地认识到，她所提出的实验检验是一种误导。对于演示一项重现的运动未必就是一项重现的动作这个局限的目的来说，它是成功的。但对于动作与运动之间的区别这个重要问题，它却给人以印象，是一个实证性的问题。不，它应当是一个属于概念性方面的问题。

当我们在做意向性和理性的动作时，大都伴有思维活动。例如，去做吗？怎样决定？这肯定不是一个纯粹的实证性问题。其实道理很简单。我们不能否认我们自己的理性。否则，我们怎能说出我们的意思，或者清楚我们所说的内容？而可怜的精神病患者则恰好是有意识但缺乏理性。

若我们果真能够将理性的行为成功地"还原"为分子或者细胞层次的因果关系，则我们将不可能再如原先那样去有意义地表达现实。实际上，这个问题根本就不存在。这种还原也是不可思议的。我们知道什么是合乎理性的和什么是不合理性的。例如，这样的知识对于了解我正在写这本书的时候，是否处于独特的和充满因果性关系的神经活动状态与相互作用的问题，毫不相干。这当然是应予以解答的问题。

如果我们能够搞清楚其中的奥秘，则对于人在思考和书写时，其大脑究竟是怎样工作的问题，将能提出一个圆满的解释。但这些并不会导致以下的发现：如"我"究竟在脑的什么部位；又如，"我"是否必须查看我的脑的状态，才能知道我正在和打算做什么。

　　这也表明了科学中反对还原论的主要主张。对于一个层次上诸多机理的充分阐明，未必能够对更高层次所发生的一切做出解释。其实，为了阐明来自较低层次输入数据对于所涉及机理的意义，我们也需要对更高层次有所了解。这也是本书第 4 章和第 5 章所介绍的有益教训之一。我们应当怎样将其用于当前的问题？

　　我们这位生理学家的错误就在于：他认为只要着手追踪出我在做"指物动作"之前和进行过程中，脑内的全部因果性相互作用，他就能够阐明纯属脑内的机理。我们只要问一下，我正在指着的物体是什么，就可以发现和了解其错误之所在。

　　狗要出去散步，主人要去遛狗，拴狗的链子在哪儿？这就是这个动作的发生背景。

　　任何打算将我的指物活动解释为**"一个动作"**的想法，显然都需要将这个社会背景考虑在内。这里还包括其语境（semantic context），能说明我的动作在于"指出在哪里可以找到拴狗的链子"（语言学家称之为语义构架，semantic frame）。另一方面，如果已经知道这一背景，怎样去解释我的动作的问题并不重要。不仅我和提问题的人都能立即理解，连狗也会立刻意识到将要去散步。

　　但对此是否全部都能够找到其神经"代表"机制？在我的脑内是否真有能够"显示"所有这些相互作用和背景的地图（图像）？并且对于这位神经生理学家来说，是否肯定能够发现这些机制？先认可这种想法，再看能得出什么结论，也许更能说明问题。不妨假设在我的脑内的确有这样的地图（图像），有这类外部世界和我的社会背景的代表，那么究竟是谁，或者何物要去咨询这些代表呢？

　　看来答案显然会是："我"要。请不要忘记，我们希望（或者，至少是故事中我们的生理学家希望）不再去确认这个"我"啦。可是，我们却发现，当按上述思路思考时，"我"似乎总是随之不断地出现。我们绝不可能用追踪神经网络的方法去发现它。我们总是不得不假设，在神经系统必定还另有一个部位，专门在"注视着"外部世界的这些代表。

　　正如本章开头的引语所示，寻找这种定位曾引起极大的兴趣。任何一位想到意识是脑内某一部位的性质的人，都必定会追随 Francis Crick

去寻求其定位。总之，这是一种非常奇特的尝试。我认为，在我的脑和神经系统中，可能没有，或者根本就没有这种部位。这里所遇到的问题恰恰是，我们正在将自己束缚在一些所谓的"哲学结"里。我们正在困惑于那些似乎只在进行哲学思考时才存在的一些实体之中，如"经验的质的特性"即是其一。我们正在把自己搞糊涂。

这类混乱早已根深蒂固。以致我们大都深信：脑的某个部位必定是外部世界的代表；[8] 而神经系统必定还另有可以被确定为"我"（或者"是我"）的部位，专门"注视着"这些代表。这不过是我在前面曾提到过的、有关私人语言争论的另外一种说法。在这个意义上，"我"和"经验的质的特性"一样，两者均无必要，只能制造出更多类似的、哲学上的困惑。

"自我"不是神经生理学的对象

我们不可能将脑划分为两个部分：其一是为"我"而设立，反映外部世界的"剧院"；另一部分则是正在注视着这些反映画面的"我"。[9]这种思考方式也忽视了一个基本概念：即不同的实体即使存在，其层次也可能是不同的。

问题还不仅仅在于，这将导致在概念上没完没了地兜圈子。其要害还在于，"我"，或者"是我"，或者"你"，与脑并不是存在于同一个层次上的实体。它们与脑是具有不同意义的客体。我的神经元、我的脑，以及我的身体的所有其他部位，都可以被看作是相同意义下的客体；但

8　在此处，"代表"或者"地图"（"图像"）的意义，已不只是重复性神经活动所形成的众多联系的数据库。一张地图的基本特点是可阅读性。没有一个人，也包括我在内，能以这种方式阅读出自己神经元的状态。例如，当我在弹一支吉他曲子时，肯定有许多神经元回路被激活，使我能灵巧地进行演奏；但这绝对不是我的地图在演奏。这些和所涉及的手指运动都表明是我在弹吉他。

9　当然，从生理学的观点出发，我们可以用不同的方式将脑划分为若干个功能性区域，例如，感觉、运动与联合区等。通过脑损伤、裂脑和脑扫描等研究，又可进一步划分出许多功能性的亚区。我并非反对按生理功能对脑进行区域性划分。此处的争论明确针对以下问题，即如何确定"自我"与脑，或者脑的某一部分之间的关系。

唯独"我"不是。这并不意味着"我"不存在。只要我是活着的，则我的整个身体显然就是在某处。如果我的身体是在英国，那么我就是在英国；如果我的身体是在法国，那么我就是在法国。

这是一个有关层次和本体论（ontology）^Ⅴ的问题。我们在第 5 章已经遇到过这一类情况。我们已经理解，认为起搏节律存在于细胞以下的层次是讲不通的。那里没有可以发生这种节律的分子振荡器。只是在细胞这个层次，由于多种蛋白质的相互作用，这一整合性活动才得以发生。

我们不可能在亚细胞和分子层次定位起搏节律的发生部位。然而我们可以顺理成章地在器官的细胞层次上将其定位。我们都明白心脏的起搏点的含义，并且我们还知道其解剖学定位。至于不能在细胞以下的层次找到它，并无关紧要。

如果某一项特定的生物学功能或者实体，只是在某一个层次上不出现，并不意味着它全然不存在。一旦我们从不同的层次进行必要的阐释，则发现其识别问题可能不难解决。我们只需朝上或者朝下，考察一个或者两个层次，去寻求这种功能或实体可能存在的背景。整合性系统生物学的重要目标之一即在于：确定各种功能得以存在并运行的层次何在。但对于脑而言，此目标可能尚很难达到。然而，这又是可能而且必要的。

让我们再回到那位神经生理学家那里。请记住，我们曾让他进一步追踪神经联系和活动模式，希望能找出做主动意向性动作的"我"的神经生理学基础。在这个层次，他所能够得到的将仅是我们在第 4 章已谈及的、"条件爆炸"性质的一大堆资料而已。在我做手指拴狗链子动作的例子中，这将包括因意向性动作背景而发生的、巨大数量的"条件"，如众多神经元和突触的各种状态，等等。

Ⅴ "本体论"是来自古希腊哲学的一个基本概念，ont 在希腊语中是"是"和"存在"的意思。它也是西方哲学中的一个基本分支，是"关于存在的理论"。本体论是相对于"认识论"而言的：认识论研究认识本身的活动，以认识本身为对象；而本体论则以存在本身为对象。比如说，本体论研究的是对象本身，而认识论则研究关于这个对象的概念和认识活动。——译者

在神经活动层次，这些将是一组无法解释的资料。在此层次，即使我们成功地确定了所有的神经联系，它将依然如此。只有在适当的层次上，当谈及拴狗的链子具有一定的意义时，才有可能做出解释。

再者，即使生理学家能够揭示出与我的动作有关联的所有状态，它们也将与外部世界有关联的许多其他状态混杂在一起。后者当然也包括其他人的状态；在这个例子中，还应当包括我的那条狗。我们将无法说清楚各种状态之间的复杂相互关系。这就是所谓的"条件爆炸"时所出现的情况。每当这种情况发生时，我们就需要变换解释的层次。

说什么在我的脑内，所有的全部状态都已经被定位追踪和探查，将是毫无意义的。我们也不妨说，有关生命功能的所有化学性质必然都已被编码于基因组中。我们必须承认，上述的基因组和脑的全部状态都只是系统整体所要使用的数据库。它们并不是决定系统行为的程序。而且在这两个例子中，大自然在设计数据库时，也是根据需要而精打细算的。故它也只是一个不完全的，而非无所不包的数据库。

了解一位音乐家与其乐谱之间的相互作用方式，可能对于思考上述问题有帮助。在任何一个时刻，音乐家所掌握的音乐总是要超过乐谱的。

这也与我在第3章所描述的煎蛋食谱故事有些类似。音乐家所掌握的许多东西并没有被明确地写入乐谱之中。如果明天所有的音乐家都不幸离开人世，人类可能需要又经历几代人的时光，才能再度培育出音乐人才。仅仅依据乐谱自身，再去创造这种文化，将要遇到很大困难。事实上，我们已经遇到过这类困难。例如，当我们试图从非常不同的音乐符号来重现中世纪游吟诗人的音乐时，就是如此。[10]在缺少功能正常的母体细胞和相当于子宫那样器官的条件下，仅仅从基因组去重新恢复已经灭绝的物种时，所遇到的困难即与此相似。

不过，许多内容还是在乐谱中，因为一位音乐家的全部资料并不是都储存于其脑内。只有当音乐家的技巧和知识与他的音乐资料相互作用时，才能产生出他所演奏的乐曲的全部。

---

10 一个近代的例子是日本的能乐（能剧）。经验丰富的能乐师虽有详细的乐谱，他们主要还是依靠通常由少数几个艺人家庭世代传承下来的演技传统。一名能乐师须经历30年培养，才能达到其艺术的巅峰。

孤　立　的　脑

由他/她的脑就可以认出每个人的个性特征的想法，早已在我们的文化中根深蒂固。我想下述假想的实验可能会令人惊奇，并使他们从中醒悟过来。

在脑部受伤的情况下，大多会危及人的清醒意识，"自我"已不完整；而当身体其他的一些部位受到损伤时，至少"自我"仍在。人们由此推断，脑内至少有一个部位，在某种意义上说，就是"自我"的功能定位区。如果这一部分功能正常，则"自我"也在。但不应忽视必要和充分条件之间的区别。显然脑是"自我"存在，并具有一定功能的必要条件；但是否也是充分条件呢？

不妨设想下述这样一个假想的实验。假设身体的一些部位正在被逐步地除去。如果眼睛没有了，那将是一位盲人。如果耳朵也没有了，那将是一位聋子。我们虽然可以想象出这些人的"自我"必已严重地受到影响；但我想大多数人都会同意，其基本的"自我"犹在。也就是说，对于一位又聋又瞎的人来说，虽然"自我"依在，但其能力已大减。

如果皮肤，或者身体其他与触觉有关的关键部位也被除去。虽然迄今尚未曾有过这样的病例，但在此种情况下，具有一定功能的"自我"是否仍在？考虑当人的感觉被剥夺时的情况，这似乎已不大可能。当被试者们被关在一个隔声的隔离室内，在一个温度恒定均匀而又全无光线的环境中漂浮，他们很快就会发觉"自我"已开始崩溃。

若在此项假想的实验中，进一步使其四肢瘫痪，包括变哑。于是就会有这样一个又瞎、又聋、又哑、又无感觉、不会活动，而又怯懦的"人"，但他却仍然"具有"一个有血液供应的脑。这只不过是浸在一个有灌流的容器中的一袋子神经元而已。在此种情况下，我们真的认为，一个活生生的"自我"还会依然存在吗？

至此，我们已将脑与身体的其他部分完全分离。在这种情况下，有关意识或者"自我"的问题已失去其通常的含义。尚无实验能回答任何有关的问题。仅一个孤单的脑，则通讯将无从进行。如不能进行通讯，则意识将何以存在。

　　这个道理显而易见。但仍有人花费大量金钱力图证明，若在人死亡时能将其脑深冻，则将来有希望使同一个人再度复活。

"自我"能被复活吗？

　　如果"我"接受身体的移植，"我"可能仍会被复活成为"是我"。或者说，将"我"的脑移植给另外一个人的身体，是否仍是如此？不论你用哪一种方式表述，肯定是"我"伴随着我的脑，而不是颠倒过来。

　　让我们进一步更周密地思考这一问题。如果我们能够将一个已经断离的脑重新连接在一个新的身体上，将会发生什么后果？假定所有的技术问题，如深冻、复温和连接等均已解决，最终将会得到一个什么样的结果？这个"已复活"的"自我"将是谁？还是与先前一样的同一个"自我"吗？

　　上述脑移植的情况与身体的一部分被移植物，或者假体，所置换究竟有何区别？或者从另一个角度提出问题，比如说，一个脑移植物与一个心脏移植物之间究竟有何区别？"自我"是否只伴随着我的脑，而并非身体的其他部分？

　　我们能否确切地回答上述问题尚无把握。即便没有这样一种创伤性手术，机体在化学方面改变的影响也应考虑。例如，在精神病药物治疗的过程中，甚至也会使患者提出，他是否仍然是"他自己"这样的问题。单只一种药物就可能导致那样的后果。这里我们要讨论的是数以千计的"药物"的影响问题。因为移植后身体及其血液的化学，包括所有循环血液中的激素，已经与原来大不相同，故其个性或人格将发生深刻变化。人们将要经历极大的困难，才能懂得怎样与这样一个人相处。

　　不妨通过下述一个假想的实验，来探讨其中的缘由。比方说，25年前已逝去的老"母亲"又复活了。她看上去像一位年轻的姑娘，且具有完全不同的容貌特征和极其不同的个性。这与她的新的身体具有不同的激素平衡和不同的基因表达有关。然而，她自称"她"还能正确地回忆起母亲平时记下的那些东西。我真不知道我们应当说些什么。仍然健在但已年迈的父亲更加难以想象这一切，且不知所措！我们甚至还会说："你记住了许多母亲当年的事，但除此以外，你似乎不像是我的母亲。"我们甚至还会说"好像我母亲的记忆已经被移植给你啦。"我想多数人可能也会反对这样的说法，如"但是，这的确是我!"。这句话更明确的意义应当是什么？它绝对不是关于唯一的"自我"犹在，或已离去那样简单的一个问题。在此，我们不妨以下述的说法来结束这个故事：有一些仍在此处，另有一些已在彼处，还有许多已被完全转变，并且另有一些已经不复存在。

虽然这只不过是一项虚构的科学幻想实验，但由此我们可能对所涉及的问题有一个初步印象。我想，若每个人都能如实地反映自己的主诉病历或者经历的话，则大多数人都曾有过一过性迷失方向或者迷惑的体验，如搞不清楚"我是谁"，以及"我在何处"等。当从梦中醒来时，瞬刻间会有仿佛已经崩溃的"自我"又突然凝聚起来的体验。某些形式的冥想练习（如坐禅、打坐）的目的即在于：按照自己的意愿去分解，或者重组"自我"，籍以消除一些相关联不利因素的影响，如贪婪和发怒等。

我的论点是："自我"是一个整合性的概念（integrative construct），但偶尔也可以是一个弱的（不够严格的）概念。但它也是一个必要的概念。它更是生命的乐章之中最宏伟的交响曲之一。但如果像在本章开头所设想那样，打算阐明其生理学基础，则我们还需要重新检查我们的语言在运用中的一些基本问题。

提出这些假想实验的目的在于引起读者的好奇。从哲学上看，他们所遇到的问题，与前面所述哲学家面对生理学实验曾提出的问题相似。将此问题简单化地看作仅是一个实证性的问题，则应警惕其风险。尽管如此，一项真实或者虚拟的实证性实验有时却对一个概念性的观点的表达和传播可能有帮助。在实证性与概念性问题纠缠在一起、不易区分的情况下，更是如此。这里我们不得不考虑语言所带来的问题——我们很容易为"语言结"（linguistic knots）所束缚而不能解脱。

从神经元或者脑的形态结构这个层次看，我们通常所说的"自我"，即"是你"或者"是我"，更像是一个过程，而非一个客体。我们肯定会问，当我们的脑部受到损伤，或者发生改变时，"你"或"我"将要受到什么影响，即"自我"的完整性将要受到什么样的损害。并且这种影响显然还会因脑的受损部位不同而异。但每当我们想要讨论"自我"

的定位问题时，我们是在论及一个有关人的问题。故只有在考虑个人的背景下，这种讨论才有意义。如将其重新归入脑的定位问题，将引起语义上的混乱。

我们认为，可将一个人比作一曲由多种管弦乐器演奏的生命交响乐。并且在脑内并没有所谓的"笛卡儿歌剧院"。

10 § 谢幕：艺术家已离去

每一个节拍，每一个曲调都是那样耐人寻味，任何深明乐理的人
都将心领神会。

禅宗寓言[I]

木 星 人

假定我们已在木星的一个卫星上发现了与我们相似的生命。[II]从第一
批前往这个新世界的旅行者们发回的消息得知，完全出乎预料，太空旅
行者们发现那里竟然有所谓"神"出现。他们发现，对那里的人来说，
还有实际上就是教堂的建筑。那里还有穿着五颜六色长袍的"牧师"。
对于一生中的重大事件和死亡，还要举行心灵上具有重要意义的仪式。
他们做一种很有心理影响的特殊形式"祈祷"——打坐沉思。这些太空
旅行者还带有先进的生理仪器，可用于测量满意的程度和痛苦减轻的程
度。此外，他们还发现那里有大量的经文。

在地球上，一个由总统们、国王们和教会领袖人物组成的高级代表
团则决定应向太空旅行者们发出什么指示。他们都认为，下一步应当尽
快地学会阅读那些经文和掌握这种语言，以便与这些人进行讨论！

随着工作的进展，太空旅行者们发回地球的消息也越来越令人振
奋。比如，"这里的人，尤其是那些主要的'牧师'，也像我们那样地思
考。我们已经确认了一些宗教场合要用的关键性词汇。他们也几乎摸清
了我们的一些情况。"他们的热情超过了地球上的人。主教、教士和宗

I 其原文为"一拍一歌无限意，知音何必鼓唇牙。"参见第 123 页的译者注 IV。——译者

II 木星，为太阳系八大行星之一，距太阳的顺序为第五，亦为太阳系中体积最大、自
转最快的行星。古代中国称之为岁星，取其绕行天球一周为 12 年，与地支相同之故。西方语言
一般称之为 Jupiter，源自罗马神话中的众神之王，相当于希腊神话中的宙斯。木星有 63 颗已知
卫星。木卫一、木卫二、木卫三和木卫四都是 1610 年由伽利略发现的，称为伽利略卫星。迄
今为止，人类只发射过少数探测器对其进行考察。——译者

教领袖们都在争先恐后地向旅行者们提出建议，以便更加深入地理解，或者，最终解决双方在宗教信仰方面所有的区别。他们还鼓励这些旅行者与新世界的精神领袖们进行中世纪式的辩论。

在这批旅行者中，终于有一人最先掌握了这种语言。她开始问一些恰当而又深入的问题。在别具一格的公开辩论之前，她每天都要花去好几个小时，先与少数的木星人进行讨论。令人奇怪的事情终于发生。她的问题越深入，他们也越加以一些几乎令人难以理解的术语来回答。她对此开始产生怀疑。木星人对于这些问题好像也觉得好笑。他们不予回答，而只是问道："你为什么需要知道对这样一个问题的答案？"作为牛津的一名优秀的哲学家，她从这里已经觉察到有维特根斯坦的蛛丝马迹。[III]

大辩论的日期日益临近，已到应当向领导人提出建议的时候，她也更加焦急不安。她尝试采取另外一种讨论策略：不再提出哲学问题；而是设法搞清，那里所有与宗教有关单词的含义，是否确与地球上完全相同？先前我们只是主观地将后者的意思附会上去的。

她从搞清地球上所谓"灵魂"，或者非宗教用词"自我"的含义开始。她发现在木星人那里，若按照地球上的含义，根本就没有这个词！它好像是一个过程，而非一件事物。他们说："万物都处在不断变化的永恒状态之中。"他们在说话时似乎只用动词，通常不用名词。

于是，她又将话题转换到所谓"神"这个词上。她告诉了他们一些有关牛顿和爱因斯坦的贡献，以及我们对于宇宙物理学的理解。她还在木星人的科学中找到了这两者之间严格一致之处。她又进一步向木星人解释说，许多地球上的人还认为，有一种被称作"神"那样的东西主宰着一切，以保证这些定律能够在生命演化进程中始终正确运行，等等。至此，她终于认识到，木星人恰好没有这种概念。

她明白啦。木星人并不需要有一个造物主。在那里，就没有将一个

III 维特根斯坦（Ludwig Wittgenstein, 1889 — 1951）为英籍奥地利哲学家。著有《逻辑哲学论》和《哲学研究》等著作。其基本观点是：我们所谓的世界实际上是一个逻辑的世界，即是以命题的形式表示出来的世界。他主张哲学的对象是语言和命题，而不是客体。哲学是对语言和命题进行分析的活动。——译者

人看作"神"这种事，而且，他们宗教的创建者并不是一个神。故太空旅行者们将他们语言中"神"这个词，最初理解为造物主的概念，实在是一个大错误。她现已理解：在那里，所谓"神"，就具有某一事物整体的"精神"，或者"本质"的意思。[1]她终于理解，在那里，为何对于万物，甚至一块石头，都可以说具有这样一个"神"。

她的确有些吃惊。她终于发现，在地球上，被许多人奉为神圣启示的中心部位却有一个很大的漏洞；但作为一名科学家，她却又感到很高兴。她说："我终于找到了一种如何处理精神问题的有意义方法。"

好啦，我们不需要等待太空旅行者们再从木星的其他卫星上去得到这种体验。当西方的传教士最初与佛教相遇时，几乎也有过完全一样的体验。[2]

文化在自我和脑关系观点中的作用

几个世纪以来，关于精神与脑之间关系的一些错误概念，显然已在我们的语言中根深蒂固。故若能跳出我们自己语言和文化的框框，尝试去用另外一种语言来理解这个世界，则可发现其间有不小的差异。不同的文化对于一些要素，诸如"精神"、"灵魂"、"自我"，以及宗教信仰方面的一些概念，如"神"等，所形成的概念可能迥然不同。当然也没有所谓优越的语言，或者文化。其他语言很可能与我们的语言有很大的区别，多将与语言有关联的错误概念隐藏起来。

所有的语言既可能是对文化的一种禁锢，又是交流时思想的释出者。我们需要用语言去进行交流，但我们的语言反过来又往往会使我们已经理解的东西变得模糊不清。东方文化则很少带有这种神秘的色彩，我们所遇到的问题似已解决。故应更加重视不同文化的经验，以摆脱一些错误概念对我们的束缚。

了解一个既"无神"又"无我"的宗教怎样教导其信徒进入精神体

1　在中文、日语和朝鲜语中，"god"所对应的汉字为"神"，颇具有此意。

2　在此要感谢 Stephen Batchelor。他写下了那本了不起的著作，《西方的觉醒》（*The a-wakening of the West*, Batchelor, 1994）。

验，对我们颇具启示意义。下面是一个来自禅宗的故事。由于这个传统的玄学成分最少，更适于宗教影响力大为减弱的世俗化社会，故选于此。

这是一个关于放牛娃的故事，他现已不知牛在何方。原是配有插图的十句诗歌。[3,IV]

放 牛 娃

- 男孩儿漫无目的地拨弄着路边的小草，不知不觉中，小路蜿蜒，峰峦渐逝。他，已疲惫不堪。

- 忽然间，在树下小溪旁竟见到了牛儿的踪迹。他赶忙上前，询问路边芳香的小草：“你可曾知道牛儿的去向？”男孩儿好想知道，那高昂上翘的牛角，怎会一起消失不见。

- 鸟儿在枝头唱歌，暖暖的阳光、徐徐的和风，就在那岸边的柳枝旁，牛儿终于出现了。

- 他尝试抓住牛儿，可倔强的牛儿哪肯轻易被驯服？它时而冲上高坡，时而冲进迷雾，就是不愿离开。

- 他不用鞭子和绳子驱赶牛儿。牛儿反而变得温顺，乖乖地跟着男孩儿。

- 男孩儿斜跨在牛背上，吹着笛子，美妙的笛声在落日的余晖中回荡。每一个节拍，每一个曲调都是那样耐人寻味，任何深明乐理的人都将心领神会。

- 他伴着牛儿回到了家中，没有任何牵挂，男孩儿自由自在。艳阳高照，他仍在睡梦中，鞭子和绳子早已被抛到九霄云外，静静地躺在小茅屋中。

- 鞭子、绳子、男孩、牛儿——一切都不复存在。蓝天浩瀚，听不到一丝音讯，就像雪花无法在跳动的火焰中生存一样。此时，

3　这里的版本主要依据 Wada 的 *The oxherder*（Wada, 2002）一书，并略加改动。

IV　Wada 的诗歌又来自中国禅宗用于修行的诗画图示——“十牛图”。它有许多版本，流传较广的为宋代廓庵师远所作。例如，“放牛娃”第六句的原文即来自《十牛图颂》卷一，骑牛归家六。其全文为：骑牛迤逦欲还家，羌笛声声送晚霞，一拍一歌无限意，知音何必鼓唇牙。后两句的白话文也是本章的引子。禅宗是汉传佛教宗派之一，坐禅为其主要实践方式。——译者

人们就可以加入到那古老的教师队伍中了。

- 归根结底，寻其源流，我曾经不得不努力工作。或许，盲目和失聪更加有益。他独自坐在小木屋中，不知道外面的世界如何变幻——只听那小河潺潺地流着，只见那花儿红得鲜艳。

- 他光着双脚迈进了城市，袒露着宽阔的胸膛。虽风尘仆仆，可他，却笑得开怀。无需众神和不朽的奇力，愿那垂死之树能再次繁茂。

　　这是禅宗用于指引坐禅的一个故事，可使习练者静心，最终进入"忘我"的境界，以进行修炼。这种忘我的概念并非佛教独有，早在其传入之前，中国的哲学家即已提出了类似的思想。我发现，道家中有关"忘我"的哲学思想[4]，与演奏时音乐家的心境有着特别相似之处。一位技艺娴熟的音乐家，真是处于"忘我"之中，在学习一段音乐时，并非先思考而后行动。实际上，他只说一声"开始"，就演奏起来。与常理相反，倒是"忘却"得越彻底，他的演奏也就越是得心应手。

　　这是一个反复修炼的过程。它的美就在于，音乐家在随心所欲地进行演奏的同时，仿佛也能够欣赏着自己的演奏。这与坐禅试图达到的所谓"无我"，或者"超脱自我"，极其相似。佛教徒称此为"放松"。有些音乐家在演奏时，也恰当地进行着沉思和冥想，以激励他们的演奏过程。

　　如果将"自我"看作是一个可以解构的整合性过程，而不是一个神经学的客体，则对上述问题的理解将会豁然开朗。

　　如果说，笛卡儿曾将"自我"或"我"，想象为本书前面所述那样；而现代的神经科学则以另外一种伪装形式，将其紧紧地与一个客体联系在一起。这显然与我们的语言和文化背景有关，使之很难冲破这种束缚。这里，了解不同文化背景的区别很要重：例如，在有的文化中，根本就没有"自我"的概念（Houshmand *et al*.，1999）；或者，并未将其看作为一个单独的、与脑相互作用着的实体（笛卡儿的观点），或并未将其看作脑自身的一个部分（现代的观点）。

　　世界上的佛教有多种派别，虽然修炼与信仰各有不同，但"无我"、

4　Jean Levi 已对道家的哲学思想做过很好的介绍（Levi，2003）。

"忘我"、"放松"的概念则是共同的。2500 年以来，佛教徒打坐修炼的部分目的也即在于此。佛教中有一些派别，其玄学成分很少，只是诵读经文，可以说是一种无信仰的宗教。果真如此，也不存在其与科学冲突的可能性。

以这一简短的章节来结束本书之目的并不是要宣传佛教。一个人可以从一整套东西里选取他所赞赏的深刻见解，而无须去考虑对其余部分是否同意。为了消除对引用东方宗教的担心，在此还可以举出基督教神秘主义者，特别是 Meister Eckhart 的例子，他也曾表达过类似的见解。我推测，与佛教徒们在东方文化的处境相比，他在其文化背景下，为此必然曾遇到过更多困难。至今，在基督教的传统中，Eckhart 的追随者为数极少；但信佛的人则为数众多。

原因之一可能在于，在佛教借以发展的一些东亚语言中，"无我"早已根深蒂固。如果笛卡儿是一个日本人或者朝鲜人的话，我想他在表述他那著名的命题"我思，故我在"时，将会非常困难。其对应的日语或朝鲜语表述，可能很自然地会是"思，故在"。句子中通常并无主语。[5]一些单词，如"我"，或者"我的宾格"（me）；甚至更多的，如"你"，仅用于强调或加重的场合。

与拉丁语或英语不同，在这类语言中，没有谓语动词形式须与主语人称保持一致的规定，"我是"、"你是"、"他是"的动词形式都是完全一样的。故也没有因动词形式不同，而"我"又会悄然出现的问题。从上下文所示，甚至径直列出某人的姓名，即可明确与事物相关联的人是谁。

在我看来，这类语言强调的是动词，着重表示"正在做"某种事情和所发生的过程；而不是主语，即谁是行为的主体，谁在实施这个动作。通常，单独一个动词即已可组成一个完整的句子，它似乎并不需要任何一个人来担当主体。

所以，在这样一种文化中，"自我"主要是指一个过程，并非一项具体的事物。我发现，摆脱自己原来文化和语言的束缚，而改以这一种

---

5 在"cogito ergo sum"的朝鲜语和日语译文中，自然还是要包括"我"这个词，以使笛卡儿的表述意义完整。

方式去思考自我时，则有豁然开朗之感。所以，我的身体在哪儿，自我就在那里，因为它是我的身体最重要的整合过程之一（见第 9 章）。这的确就是**系统**生物学的问题！

　　按照此种方式思考，我将更加容易避开哲学上的困惑，而不致走进所谓"私人语言"这样的死胡同。我不需要将"我"看作一个客体，所以也不需要再去寻找其在脑部的定位。

　　西方人对此，最初可能会感到有些新奇。我也如此，但随着使用东亚语言（如朝鲜语和日语）机会的增多，我愈加感受到其灵活、自然和经常省略主语之妙处。[6,V]一个人的注意力可集中于：什么正在发生？其过程是怎样的？什么正在进行？如在语言中不需确认主语，即可达此目的，而有助于深入思考。若将自我看作一个过程，而非一个客体，则更加符合自然的规律。

自我乃是一种比喻

　　在本书的写作中，我曾多处采用比喻，或者讲述比喻故事的手法。其目的在于唤起观念上的转变，其重要性自不待言。但我也曾听到过科学界一些同事的批评，例如，"你能用精确的和科学的语言说出你想说的一切吗？"我的回答是："不能！"。或者，进一步回答道："不能，而且你也做不到！"

　　在我们的语言和思维过程中，比喻介入之深已远远超出我们的想象。若无比喻的运用，则对人类一些有重要意义或者价值的东西，将难以表达和描述。在文学、诗歌，以及科学语言中，更是如此。

　　甚至当说道"今天温度升高"时，就已经在运用比喻。为什么要用高度这个维度来表示温度？这显然与温度升高时，温度计的水银柱也升高有关。如果我们最初普遍采用双金属片温度计来测量温度；当温度升高时，金属片向下弯曲。那么，我们在夏季可能就会说："今天的温度

　　6　由于此种原因，这类语言也被称作"pro-drop" languages。

　　V　"pro-drop"的全称应为"pronoun-dropping"。"pro-drop" languages 指可以省略某种类别代词的语言，有的作者将其译为"名代可省语言"。——译者

是下降的。"

对于生物系统，我们也有高、低层次之区分。基因和蛋白质被视作位于底层，而器官和生理系统则是位于顶部的层次。虽然这种结构层次的划分对于生命科学发展有重要意义，我们也应当了解其中有比喻的运用。身体的每一个细胞都含有基因，神经系统的分支也是遍及全身。故对于一个生物机体来说，所谓"底层"和"顶层"，都只不过是形象的比喻而已。

任何比喻都可能会引起特有的偏见。例如，上述的例子就会给人以一种印象：似乎高层次的规律只能由低层次的活动来解释才算合理；反之，则似乎有违我们的科学理念。

但我们并不能代表大自然。大自然也不需要与我们拥有一个共同的观念。事实上，它并没有观念，但却善于偶然发现和利用任何具有一定功能又利于生存的相互作用。例如，在进化的早期阶段，即所谓的RNA 世界，很可能基因与酶之间并无区别。

语言中常用的一些词也多采用隐喻的方式，如"高"和"低"、"内"和"外"、"上"和"下"等，均是。离开它们，则交流将难以进行。在我们的语言中，这类比喻由来已久，犹如深埋于岩层中已无生命的化石，以致我们早已不再去念叨这些比喻的原意。所以，哲学上的许多陷阱才得以深藏于我们的语言之中。因为我们对其对于思考的倾向性影响，通常竟然毫无觉察，故我们往往很难从这种束缚中解脱。

"自我"既是一个隐藏有暗喻的词，也是一个非常有用而又十分重要的词。我们可以这样说，作为一个虚拟的客体，"好像"有一个自我，正在做着"我"所做的各种事情。再者，为使我们文化的其他一些重要方面能够落到实处，我们也需要有这样一个比喻。例如，在法律上，我们需要确定由谁来承担责任。

但是，为了满足这些文化上的需求，就逐步发展出一种逻辑上一致的整合过程（a coherent integrated process）来承载一个作用者（agent）的属性；而不是一个有形的物质客体。我们可以毫无困难地将法律责任指派给一些机构，如政府和公司；它们显然都不是有形的物质客体，而是明确的作用者。关于自我，主要与一致性和理性（coherence and rationality）有重要关系；至于是否可以找到能代表"我"的一组神经元，并无关紧要。我们之所以很容易将自我看作一个客体，与通常总要将它与一个特定的物体联系在一起有关。

艺术家已离去

由于音乐也是一个过程，而非具体之物，故本书取名"生命的乐章"。对此，必须从整体上去理解它；而且，也很难用文字去加以描述。正如放牛娃最终所领悟的那样："任何深明乐理的人都将心领神会。"

或者，若你更喜欢西方哲学家类似的名言，则不妨引用维特根斯坦在其名著《逻辑哲学论》（*Tractatus logico-philosophicus*）一书中的结束语："一个人对于不能谈的事情就应当沉默。"[VI]

即使将自我描述为一个过程，其实也是一种比喻，亦有其局限性。列奥纳多·达·芬奇曾将诗歌与绘画进行过对比，并做出过以下评论："难道你不知道，我们的心灵是由和谐造成的？"[VII]

他将绘画看作更高级的艺术，因能将"和谐"即刻描绘出来，而使观赏者也仅须通过"注视"，就能立即感受到。而诗歌和音乐则有所不同，需要一种逐步的逻辑来"听取"这个序列。

至此，我已经难以用语言再进一步深入。一旦你已登上这个特殊的理解之梯，你就会理解：怎样探讨这类问题已完全是你自己的事啦。我们可以选择自己所需要的比喻，而非强加给我们的那些。现在已轮到该由读者自己去思考这一切的时间啦！

艺术家已离去，这本小书到此也告一段落。

VI　维特根斯坦 著，郭英 译. 逻辑哲学论. 北京：商务印书馆，97 页，1992。该句的英语译文为"that whereof one cannot speak，one must be silent"。——译者

VII　出自 Leonardo da Vinci. Trattato della Pittura（The Treatise on Pictures）MacMahon，Princeton：Princeton University Press）。列奥纳多·达·芬奇 著；戴勉 编译，朱龙华 校. 达·芬奇论绘画. 桂林：广西师范大学出版社，2003。该句的英语译文为"Do you not know that our soul is composed of harmony?"——译者

参 考 文 献

Anway, M. D. , Cupp, A. S. , Uzumcu, M. , and Skinner, M. K. (2005). Epigenetic trans-
generational actions of endocrine disruptors and male fertility. *Science*, **308**, 1466-9.

Armstrong, D. M. (1961). *Perception and the physical world*. London, Routledge &- Kegan
Paul.

Batchelor, S. (1994). *The awakening of the West: the encounter of Buddhism and Western
culture*. Berkeley, Parallax Press.

Bateson, P. (2004). The active role of behaviour in evolution. *Biology and Philosophy*, **19**,
283-98.

Bennett, M. R. and Hacker, P. M. S. (2003). *Philosophical foundations of neuroscience*.
Oxford, Blackwell.

Black, D. L. (2000). Protein diversity from alternative splicing: a challenge for bioinformatics
and post-genome biology. *Cell*, **103**, 367-70.

Celotto, A. M. and Graveley, B. R. (2001). Alternative splicing of the *Drosophila Dscam*
pre-mRNA is both temporally and spatially regulated. *Genetics*, **159**, 599-608.

Coen, E. (1999). *The art of genes: how organisms make themselves*. Oxford University Press.

Colvis, C. M. , Pollock, J. D. , Goodman, R. H. , Impey, S. , Dunn, J. , Mandel, G. *et al*.
(2005). Epigenetic mechanisms and gene networks in the nervous system. *Journal of Neuro-
science*, **25**, 10375-89.

Cornman, J. W. (1975). *Perception, common sense and science*. New Haven and London,
Yale University Press.

Crampin, E. J. , Halstead, M. , Hunter, P. J. , Nielsen, P. , Noble, D. , Smith, N. , and
Tawhai, M. (2004). Computational physiology and the Physiome Project. *Experimental
Physiology*, **89** (1), 1-26.

Crick, F. H. C. (1994). *The astonishing hypothesis: the scientific search for the soul*. Lon-
don, Simon &- Schuster.

Dawkins, R. (1976). Hierarchical organisation: a candidate principle for ethology. In *Growing
points in ethology: based on a conference sponsored by St. John's College and King's Col-
lege, Cambridge* (ed. P. P. G. Bateson and R. A. Hinde), pp. 7-54. Cambridge Universi-
ty Press.

Dawkins, R. (1976). *The selfish gene*. Oxford University Press.

Dawkins, R. (1982). *The extended phenotype: the gene as the unit of selection*. London, Freeman.

Dawkins, R. (2003). *A devil's chaplain*. London, Weidenfeld & Nicolson.

Deisseroth, K., Mermelstein, P. G., Xia, H., and Tsien, R. W. (2003). Signaling from synapse to nucleus: the logic behind the mechanisms. *Current Opinion in Neurobiology*, **13**, 354-65.

Dover, G. (2000). *Dear Mr Darwin: letters on the evolution of life and human nature*. London, Weidenfeld & Nicolson.

Downer, L. (2003). *Madame Sadayakko: the geisha who seduced the West*. London, Headline.

Feytmans, E., Noble, D., and Peitsch, M. (2005). Genome size and numbers of biological functions. *Transactions on Computational Systems Biology*, **1**, 44-9.

Foster, R. and Kreitzman, L. (2004). *Rhythms of life: the biological clocks that control the daily lives of every living thing*. London, Profile Books.

Gould, S. J. (2002). *The structure of evolutionary theory*. Cambridge, MA, Belknap Press of Harvard University Press.

Hardin, P. E., Hall, J. C., and Rosbash, M. (1990). Feedback of the *Drosophila* period gene product on circadian cycling of its messenger RNA levels. *Nature*, **343**, 536-40.

Houshmand, Z., Livingston, R. B., and Wallace, B. A. (eds.) (1999). *Consciousness at the crossroads: conversations with the Dalai Lama on brain science and Buddhism*. New York, Snow Lion Publications.

Hunter, P. J., Robbins, P., and Noble, D. (2002). The IUPS Human Physiome Project. *Pflügers Archiv- European Journal of Physiology*, **445**, 1-9.

International _ HapMap _ Consortium (2005). A haplotype map of the human genome. *Nature*, **437**, 1299-319.

Jablonka, E. and Lamb, M. (2005). *Evolution in four dimensions: genetic, epigenetic, behavioral, and symbolic variation in the history of life*. Cambridge, MA, and London, MIT Press.

Jacob, F. (1970). *La Logique du vivant, une histoire de l' hérédité*. Paris, Gallimard.

Konopka, R. J. and Benzer, S. (1971). Clock mutants of *Drosophila melanogaster*. *Proceedings of the National Academy of Sciences*, **68**, 2112-16.

Kupiec, J. -J. and Sonigo, P. (2000). *Ni Dieu ni gene*. Paris, Seuil.

Kövecses, Z. (2002). *Metaphor: a practical introduction*. Oxford University Press.

Lakoff, G. and Johnson, M. (2003). *Metaphors we live by*. University of Chicago Press.

Lamarck, J. -B. (1994). *Philosophie zoologique*; original edition of 1809 with introduction by Andre Pichot. Paris, Flammarion.

Levi, J. (2003). *Propos intempestifs sur le Tchouang-tseu*. Paris, Editions Allia.

Maynard Smith, J. (1998). *Evolutionary genetics*. New York, Oxford University Press.

Maynard Smith, J. and Szathmáry, E. (1999). *The origins of life: from the birth of life to the origin of language*. New York, Oxford University Press.

Mayr, E. (1982). *The growth of biological thought: diversity, evolution and inheritance*. Cambridge, MA, and London, Belknap Press.

McMillen, I. C. and Robinson, J. S. (2005). Developmental origins of the metabolic syndrome. *Physiological Reviews*, **85**, 577-633.

Monod, J. and Jacob, F. (1961). *Cold Spring Harbor Symposia Quantitative Biology*. **26**, 389-401.

Noble, D. (2002). The rise of computational biology. *Nature Reviews. Molecular Cell Biology*, **3**, 460-3.

Noble, D. and Noble, S. J. (1984). A model of sino-atrial node electrical activity based on a modification of the DiFrancesco-Noble (1984) equations. *Proceedings of the Royal Society of London, Series B*, **222**, 295-304.

Noble, D., Denyer, J. C., Brown, H. F., and DiFrancesco, D. (1992). Reciprocal role of the inward currents ib, Na and if in controlling and stabilizing pacemaker frequency of rabbit sino-atrial node cells. *Proceedings of the Royal Society of London, Series B*, **250**, 199-207.

Novartis_Foundation (1998). *The limits of reductionism in biology*. Chichester, Wiley.

Novartis_Foundation (2001). *Complexity in biological information processing*. Chichester, Wiley.

Novartis_Foundation (2002). *In silico simulation of biological processes*. London, Wiley.

Pichot, A. (1999). *Histoire de la notion de gène*. Paris, Flammarion.

Schrödinger, E. (1944). *What is life? The physical aspect of the living cell*. Cambridge University Press.

Smith, N. P., Pullan, A. J., and Hunter, P. J. (2001). An anatomically based model of transient coronary blood flow in the heart. *SIAM Journal of Applied Mathematics*, **62** (3), 990-1018.

Stelling, J., Klamt, S., Bettenbrock, K., Schuster, S., and Gilles, E. D. (2002). Metabolic network structure determines key aspects of functionality and regulation. *Nature*, **420**, 190-3.

Stevens, C. and Hunter, P. J. (2003). Sarcomere length changes in a model of the pig heart. *Progress in Biophysics and Molecular Biology*, **82**, 229-41.

Tomlinson, K. A., Hunter, P. J., and Pullan, A. J. (2002). A finite element method for an eikonal equation model of myocardial excitation wavefront propagation. *SIAM Journal of Applied Mathematics*, **63**, 324-50.

Wada, S. (2002). *The oxherder*. New York, George Braziller.

Watson, F. L., Puttnam-Holgado, R., Thomas, F., Lamar, D. L., Hughes, M., Kondo, M. *et al.* (2005). Extensive diversity of Ig-superfamily proteins in the immune system of insects. *Science*, **309**, 1874-8.